DER EIN- UND MEHRPHASIGE WECHSELSTROM

EINFÜHRUNG

IN DAS STUDIUM DER TRANSFORMATOREN

UND WECHSELSTROMMASCHINEN

VON

PROF. DR. R. WOTRUBA

MIT 97 ABBILDUNGEN

MÜNCHEN UND BERLIN 1927

DRUCK UND VERLAG VON R. OLDENBOURG

Vorwort.

Die Theorie des Wechselstromes ist ein mächtiges Gebiet, das zu seiner Beherrschung nicht nur die Kenntnis, sondern auch die virtuose Haudhabung der höheren Mathematik erfordert.

Der Zweck des vorliegenden Büchleins kann es nicht sein, auch nur annähernd eine Übersicht dieses Gebietes zu geben.

Vielmehr beschränkt es sich darauf, solche Kapitel zu erläutern, die der Starkstromtechniker der Praxis benötigt.

Der Verfasser sucht die Erscheinungen dem Leser physikalisch näherzubringen. Er bietet dasjenige, was zum Studium der Transformatoren und Wechselstrommaschinen unbedingt nötig ist. Der im kleinen Druck gegebene Stoff kann anfangs überblättert werden. Man holt ihn im Bedarfsfalle nach.

Daher wird sich dieses Büchlein für die Schüler technischer Mittelschulen und auch für jene Hochschüler eignen, die fürs erste sich rasch die nötigen Grundzüge der Wechselstromtechnik aneignen wollen.

Wien, im Jänner 1927.

Dr. R. Wotruba.

Inhaltsverzeichnis

V. Kapitel

VI. Kapitel

Theorie des Einphasen- und Mehrphasen-Wechselstromes.

1. Kapitel.

Einleitung: Das Wesen der Formel $E = iR + L\frac{di}{dt}$. Der Selbstinduktionskoeffizient L, der Koeffizient der gegenseitigen Induktion $\mathfrak{M}$, der Kupplungsfaktor x, die Kondensatoren.

Bei den Ausgleichserscheinungen im Wechselstromkreise spielen die sog. elektromagnetische Trägheit und die elektrische Elastizität eine so bedeutende Rolle, daß diese gleich anfangs ausführlich behandelt werden sollen.

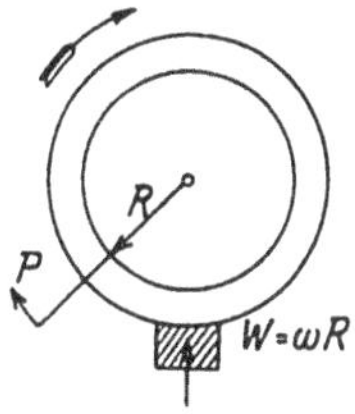

Fig. 1.

Um die elektromagnetische Trägheit leicht faßlich zu machen, diene uns ein Beispiel aus der Mechanik. Wir denken uns ein Schwungrad, das gebremst, in einer bestimmten Zeit T aus dem Ruhezustand so lange beschleunigt werden soll, bis es eine gewisse gewünschte Endgeschwindigkeit erreicht habe. Dieser Endgeschwindigkeit entspreche die Winkelgeschwindigkeit ω_0. — Ferners wollen wir annehmen, daß der Widerstand infolge der Bremsung der augenblicklichen Winkelgeschwindigkeit ω proportional sei, so daß das gedachte Reibungsmoment

$$W = \omega \cdot R,$$

wo R eine Konstante bedeutet, die vom Bremsdruck und der Beschaffenheit der Reibflächen abhängt.

Um das Schwungrad zu beschleunigen, steht uns ein unveränderliches Drehmoment $\mathfrak{M}$ zur Verfügung. Ist nun die tatsächlich erteilte Winkelbeschleunigung ε, das Trägheitsmoment des Schwungrades L, so ist das dazu erforderliche Drehmoment bekanntlich

$$\varepsilon \cdot L.$$

Nun wird sich das uns zur Verfügung stehende unveränderliche Drehmoment $\mathfrak{M}$ in jedem Augenblicke selbsttätig in zwei Teile zerlegen. Der eine Teil gehört zur Überwindung der Bremsung, der zweite

Teil zur Herstellung der Winkelbeschleunigung ε. Man kann also die Gleichung ansetzen

$$\mathfrak{M} = \omega \cdot R + \varepsilon L.$$

Da aber die Winkelbeschleunigung ε die erste Abgeleitete der Winkelgeschwindigkeit nach der Zeit ist, so hat auch die Gleichung

$$\mathfrak{M} = \omega \cdot R + \frac{d\,\omega}{d\,t} L$$

ihre Richtigkeit. — Nun möchten wir die augenblickliche Winkelgeschwindigkeit ω durch eine Formel ausdrücken.

Am Ende unseres Versuches muß die Beschleunigung Null sein und das ganze unveränderliche Drehmoment M wird dann zur Überwindung des Bremswiderstandes verwendet, so daß

$$M = \omega_0 \cdot R.$$

Wir schreiben daher

$$\omega_0 R = \omega R + \frac{d\,\omega}{d\,t} \cdot L$$

$$R(\omega_0 - \omega) = \frac{d\,\omega}{d\,t} \cdot L$$

$$\omega_0 - \omega = \frac{L}{R} \cdot \frac{d\,\omega}{d\,t}.$$

Wollen wir nun statt der Veränderlichen ω eine andere Veränderliche $(\omega_0 - \omega)$ setzen, so wird

$$\frac{d(\omega_0 - \omega)}{d\,t} = -\frac{d\,\omega}{d\,t}$$

und wir schreiben

$$\omega_0 - \omega = -\frac{L}{R} \frac{d(\omega_0 - \omega)}{d\,t}$$

$$-\frac{R}{L} d\,t = \frac{d(\omega_0 - \omega)}{\omega_0 - \omega}.$$

Da der Zähler der rechten Seite das vollkommene Differential des Nenners ist, so wird das Integral der natürliche Logarithmus des Nenners

$$-\frac{R}{L} t = \ln(\omega_0 - \omega) + C.$$

Um die Integrationskonstante C zu bestimmen, erinnern wir uns, daß zur Zeit $t = 0$ auch ω Null war, also die Beziehung besteht:

$$0 = \ln \omega_0 + C$$

$$C = -\ln \omega_0.$$

Es ist somit

$$-\frac{R}{L}t = \ln(\omega_0 - \omega) - \ln\omega_0$$

$$-\frac{R}{L}t = \ln\frac{\omega_0 - \omega}{\omega_0}.$$

$-\frac{R}{L}t$ ist also jener Potenzexponent, der mit der Basis des natürlichen Logarithmensystems e potenziert werden muß, um $\frac{\omega_0 - \omega}{\omega_0}$ zu erhalten:

$$e^{-\frac{R}{L}t} = \frac{\omega_0 - \omega}{\omega_0}$$

$$\omega = \omega_0\left(1 - e^{-\frac{R}{L}t}\right).$$

Somit ist die Gleichung gefunden, nach der man für eine beliebige Zeit t die augenblickliche Winkelgeschwindigkeit ω suchen kann.

Der Quotient $\frac{L}{R}$ ist unter dem Namen der Helmholtzschen Zeitkonstanten bekannt.

Wenn man nun die einzelnen errechneten Werte von ω als Funktion der Veränderlichen t aufträgt, erhält man folgendes Bild.

Multipliziert man die augenblicklichen Winkelgeschwindigkeiten ω mit der Konstanten R, so erhält man die Momente, die zur Überwindung des Bremswiderstandes nötig sind. Der Rest $L\frac{d\omega}{dt}$ ist dann jenes Moment, das zur Beschleunigung der Massen gedient hat. — Die Leistung wird allgemein durch das Produkt von Moment und Winkelgeschwindigkeit ausgedrückt. In Fig. 2b haben wir nun das Moment $L\frac{d\omega}{dt}$ mit ω multipliziert und als Ordinate nach unten aufgetragen. Der schraffierte schmale Flächenstreifen stellt dann die in der Zeit dt in das Schwungrad hineingelegte Arbeit dar

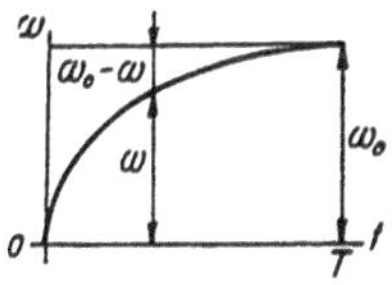

Fig. 2a.

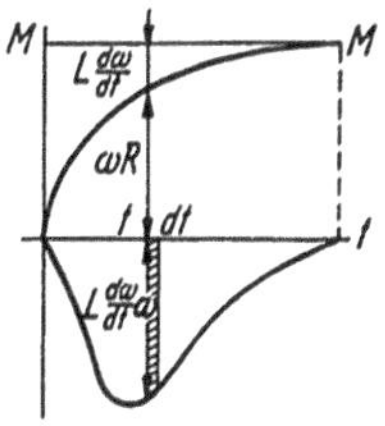

Fig. 2b.

$$dA = L\frac{d\omega}{dt}\omega \cdot dt$$

$$= L \cdot \omega \cdot d\omega.$$

Summiert man nun alle diese Flächenstreifen, so erhält man den zur Zeit T im Schwungrad angehäuften Energieinhalt

$$A = \int_0^T dA \cdot dt = L\int_0^{\omega_0}\omega \cdot d\omega \qquad A = L\frac{\omega_0^2}{2}.$$

Das ist nun tatsächlich die allbekannte Formel für den Energieinhalt einer rotierenden Masse.

Genau so verhält sich der Vorgang, wenn wir an eine Gleichstromquelle einen induktiven Widerstand einschalten, wie z. B. eine mit Eisenkern versehene Spule, wie Fig. 3 zeigt.

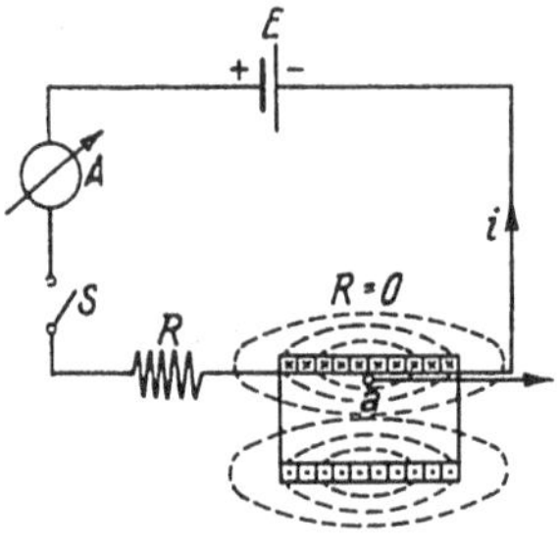

Fig. 3.

Der Übersichtlichkeit wegen wollen wir annehmen, daß die Spule selbst keinen Ohmschen Widerstand besäße, den Widerstand denken wir uns außerhalb der Spule verlegt. Die Gleichstromquelle habe die unveränderliche Spannung E. Schließen wir den Schalter S, so beobachten wir am Amperemeter ein allmähliches Steigen der Stromstärke i, bis sie nach einer bestimmten Zeit den Endwert J angenommen hat, der durch das Ohmsche Gesetz bestimmt ist:

$$J = \frac{E}{R}.$$

Je nach Anordnung des Versuches kann die Zeit, nach der der Strom seine Endstärke erreicht, mehrere Sekunden betragen.

Da der Strom nur allmählich wächst, muß doch irgendein Widerstand überwunden worden sein. Es hat den Anschein, als ob die Spule eine Trägheit besäße, die sich dem Wachsen des Stromes widersetzt. — Das verhält sich nun so: Ist in einem bestimmten Augenblicke die Stromstärke i, wächst dann der Strom in der Zeit dt um di, so wird auch der ganze Fluß Φ um $d\Phi$ wachsen

$$d\Phi = \frac{0{,}4\,\pi \cdot w \cdot di}{\mathfrak{W}}.$$

w ist die Anzahl der Windungen, $\mathfrak{W}$ ist der magnetische Widerstand des gesamten Kraftlinienpfades.

Diese Vermehrung geht nun so vor sich, als ob von a eine magnetische Welle ausginge. Diese Welle entwickelt sich etwa so, wie die Wasserwelle um einen bei a ins Wasser geworfenen Stein. — Diese Welle hat eine bestimmte Fortpflanzungsgeschwindigkeit, die unter jeder Bedingung von der augenblicklichen Stromveränderung $\frac{di}{dt}$ abhängig sein wird. -- Während die Welle fortschreitet, schneidet diese die einzelnen Drähte der Spule und erzeugt dort elektromotorische Kräfte. Bedient man sich der Handregel[1]), so wird man festsetzen,

---

[1]) Zur Bestimmung der Richtung der EMK in einem kraftlinienschneidenden Leiter dient die Handregel: Man lege die rechte Hand so an den Leiter, daß die Kraftlinien in die innere Handfläche eintreten. Der Daumen zeige die Richtung der

daß diese elektromotorischen Kräfte der Stromrichtung entgegengesetzt wirken. Für diese elektromotorischen Gegenkräfte schreiben wir allgemein:

$$e_s s = L \frac{di}{dt},$$

wenn L eine Konstante ist, die von den geometrischen Verhältnissen der Spule abhängig sein wird.

Die dem Stromkreise aufgedrückte Spannung E_1 zerlegt sich also selbsttätig in zwei Teile. Der erste Teil gehört zur Überwindung des Wirkwiderstandes R, der zweite Teil zur Überwindung der augenblicklichen elektromotorischen Gegenkraft, so daß wir schreiben können:

$$E = iR + L \frac{di}{dt}.$$

Den Teil $L \frac{di}{dt}$ nennen wir die elektromotorische Kraft der Selbstinduktion, L selbst die elektromagnetische Trägheit der Spule, was eine äußerst glückliche Bezeichnung ist, wie wir noch feststellen werden. L wird auch der Selbstinduktionskoeffizient der Spule genannt.

Wollen wir nun eine Formel ableiten, nach der man den augenblicklichen Strom i berechnen kann, so verfahren wir genau so wie früher:

$$E = i\,R + L \frac{di}{dt}$$

$$JR = i\,R + L \frac{di}{dt}$$

$$R(J - i) = L \frac{di}{dt}$$

$$J - i = \frac{L}{R} \cdot \frac{di}{dt}$$

$$J - i = -\frac{L}{R} \frac{d(J-i)}{dt}$$

$$-\frac{R}{L} \cdot dt = \frac{d(J-i)}{J-i}.$$

Bewegung an. Die Fingerspitzen weisen dann die Richtung der EMK. — In unserem Falle haben wir es mit einem ruhenden Leiter und einem bewegten Felde zu tun. Um die Handregel anwenden zu können, denken wir uns (z. B. einen Leiter rechts von *a*) nach links beweglich. Die Kraftlinien verlaufen dort von oben nach unten. — Dieselbe Handregel drückt man wie folgt kürzer aus: Man bilde aus Daumen, Zeige- und Mittelfinger der rechten Hand ein dreiachsiges Koordinatensystem; den Zeigefinger hält man in die Richtung des Kraftlinienflusses, den Daumen hält man in die Richtung der Bewegung, der auf der Handfläche senkrecht stehende Mittelfinger gibt die Richtung des Stromes an.

Integriert:

$$-\frac{R}{L}t = \ln(J - i) + C$$

$$C = -\ln J$$

$$-\frac{R}{L}t = \ln\frac{J-i}{J}$$

$$e^{-\frac{R}{L}t} = \frac{J-i}{J}$$

$$i = J \cdot \left(1 - e^{-\frac{Rt}{L}}\right).$$

Zur Zeit $t = 0$ ist $i = 0$. Wird aber zifferngemäß $t = \frac{L}{R}$, so wird

$$i = J \cdot (1 - e^{-1})$$

$$i = J\left(1 - \frac{1}{2{,}718}\right)$$

$$i \doteq J - \frac{J}{3} = 0{,}632 \cdot J.$$

Man kann also die Helmholtzsche Zeitkonstante $\frac{L}{R}$ als jene Zeit auffassen, in der der Strom rd. $^2/_3$ seines endgültigen Wertes erreicht hat.

Multipliziert man die elektromotorische Kraft der Selbstinduktion (EK) $L\,\frac{d\,i}{d\,t}$ mit der augenblicklichen Stromstärke i, so erhält man die Leistung, die zur Herstellung des augenblicklichen Feldes nötig war. Der schraffierte Flächenstreifen stellt dann die unendlich kleine Arbeit vor, die man in das magnetische Feld hineingelegt hat.

$$d\,A = L\frac{d\,i}{d\,t} \cdot i \cdot d\,t$$

$$d\,A = L\,i \cdot d\,i.$$

Die Summe aller dieser Flächenstreifen ist dann die gesamte Arbeit, die zur Erzeugung des magnetischen Flusses aufgewendet werden mußte.

$$A = L\int_0^J i \cdot d\,i = \frac{L\,J^2}{2}.$$

Jetzt wollen wir uns der elektromagnetischen Trägheit L zuwenden. Es war

$$e_s\,s = L \cdot \frac{d\,i}{d\,t}.$$

Diese elektromotorische Kraft der Selbstinduktion können wir aber auch nach dem allgemeinen Induktionsgesetz

$$E = -\frac{d\Phi}{dt}\, w \text{ cgs E}$$

finden. Zu einer bestimmten Zeit t war der Fluß

$$\Phi = \frac{0{,}4\,\pi\, w}{\frac{l}{\mu F}} \cdot i$$

$$\frac{d\Phi}{di} = \frac{0{,}4\,\pi\, w}{\frac{l}{\mu F}}.$$

Es ist somit

$$E = e_s = -\frac{0{,}4\,\pi\, w^2}{\frac{l}{\mu F}} \cdot \frac{di}{dt} \text{ cgs E.}$$

Die Spannung, welche die obige elektromotorische Kraft der Selbstinduktion überwindet, ist

$$e_s = \frac{0{,}4\,\pi\, w^2}{\frac{l}{\mu F}} \cdot \frac{di}{dt} \text{ cgs E.}$$

Vergleichen wir die erste mit der letzten Gleichung, so sehen wir, daß

$$L = \frac{0{,}4\,\pi\, w^2}{\frac{l}{\mu F}} \cdot \text{cgs E.}$$

Der Selbstinduktionskoeffizient ist demnach dem Quadrate der Windungszahl gerade und dem magnetischen Widerstand umgekehrt proportioniert. — Die praktische Einheit von L ergibt sich aus der Formel

$$e_s = L\,\frac{di}{dt}$$

$$1 = 1 \cdot \frac{1}{1}.$$

Wenn also an den Enden einer Spule bei einer sekundlichen Stromänderung von einem Ampere eine Spannung von einem Volt entsteht, so hatte die Spule einen Selbstinduktionskoeffizienten Eins. Diese Einheit nennt man ein Henry. — Es ist somit

$$1 \text{ Volt} = 1 \text{ Henry}\,\frac{1 \text{ Ampere}}{1 \text{ Sekunde}}$$

$$10^8 \text{ cgs E} = 1 \text{ Henry } \frac{10^{-1} \text{ cgs E}}{1 \text{ Sekunde}}$$

$$1 \text{ Henry} = 10^9 \text{ cgs E.}$$

Für den ersten Augenblick könnte man glauben, daß die Formel

$$L = \frac{\frac{0{,}4\,\pi\, w^2}{l}}{\mu F} \cdot 10^{-9} \text{ Henry}$$

vollkommen zur Berechnung von L genügen müßte. In Wirklichkeit ist sie in den meisten Fällen unbrauchbar, da ja die magnetische Durchlässigkeit μ keine unveränderliche Größe ist. Bei sehr langen Spulen mit kleinem Querschnitt und ohne Eisenkern ($\mu = 1$) ist diese Formel wohl brauchbar. Bei kurzen Spulen ohne Eisenkern verwendet man am besten die Formel

$$L = \pi^2 \cdot D^2 \cdot w^2 \cdot l \cdot c \text{ cgs E,}$$

wo D der mittlere Durchmesser der Bewicklung, l die Länge in cm und w die Anzahl der Windungen für 1 cm Wicklungslänge und c ein Faktor ist, der vom Verhältnis $\frac{D}{2}$ abhängt und folgender Tabelle entnommen werden kann:

$\frac{D}{2}$	c	$\frac{D}{2}$	c
0,02	0,99	1	0,69
0,06	0,98	2	0,53
0,1	0,96	3	0,43
0,2	0,92	4	0,37
0,3	0,88	5	0,32
0,4	0,85	6	0,29
0,5	0,82	8	0,24
0,75	0,75	10	0,2

Da ein stromdurchflossener Draht ein Feld entwickelt, so muß auch er eine elektromagnetische Trägheit besitzen. Freilich ist sie so gering, daß man sie in den meisten Fällen vernachlässigen kann. Bei sehr langen Wechselstromleitungen spielt sie jedoch eine große Rolle. Auch bei kleineren Längen darf man sie nicht vernachlässigen, wenn es sich um hochfrequenten Wechselstrom handelt.

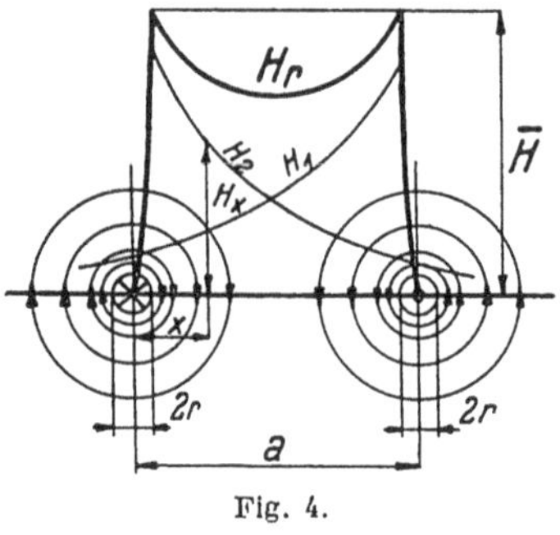

Fig. 4.

In Fig. 4 sind die Querschnitte einer langen Hin- und Rückleitung gezeichnet, die im Abstande a parallel zueinander laufen. Schaltet man den Strom ein, so entwickelt jeder Leiter ein Feld. Es muß bekannt sein, daß ein langer Leiter im Abstande x eine Feldstärke H erzeugt, die, nach dem Biot-Savartschen Gesetze abgeleitet, folgenden Wert ergibt:

$$H = \frac{0{,}2\,J}{x}\ \text{Gauß}.$$

Eine solche Feldstärke muß auch im Innern des Drahtes herrschen. Sie ist bei $x = 0$ ebenfalls Null, bei $a = r$ hat sie einen Höchstwert erreicht

$$\overline{H} = \frac{0{,}2\,J}{r}.$$

Wird a größer als R, so fällt die Feldstärke asymptotisch und wird bei dem Werte $x = a$ einen sehr geringen Betrag ausmachen. Was für den linken Leiter gilt, das gilt auch für den rechten. Aus den Feldern H_1 und H_2 setzt sich das Gesamtfeld H zusammen. Hin- und Rückleitung können als eine einzige Windung aufgefaßt werden. Die gesamten Kraftflußverkettungen bei einer entwickelten Stromstärke von 1 Ampere messen dann die elektromagnetische Trägheit oder den Selbstinduktionskoeffizienten.

Die mittlere Feldstärke im Innern des Drahtes ist $\frac{0{,}1\,J}{r}$ und der mittlere Fluß wird demnach gewonnen, wenn man diese mittlere Feldstärke mit der Fläche $F = r \cdot l\ \text{cm}^2$ multipliziert, wenn l die Länge eines Leiters bedeutet:

$$\Phi_1 = \frac{0{,}1\,J}{r} \cdot r\,l\ \text{Maxwell}$$

$$\Phi_1 = 0{,}1\,J\,l\ \ \text{»}.$$

Der Fluß außerhalb des Leiters ist durch die Formel gegeben

$$\Phi_2 = 0{,}2\,J\,l \int_r^a \frac{d\,x}{x}$$

$$\Phi_2 = 0{,}2\,J\,l \ln \frac{a}{r}.$$

Vom Flusse Φ_1 ist aber nur die Hälfte des Kraftflusses mit dem Drahte selbst verkettet. Die Anzahl der verketteten Kraftlinien bei einem Ampere ist demnach

$$L = \frac{0{,}1\,l}{2} + 0{,}2\,l \ln \frac{a}{r}.$$

Will man l in km ausdrücken und statt der natürlichen die Briggschen Logarithmen einführen, so erhält man

$$L = \frac{2\,l}{10^4}\left(0{,}5 + 4{,}6 \log \frac{a}{r}\right)\ \text{Henry}.$$

Beispiel. Wie groß ist der Selbstinduktionskoeffizient eines Kilometers Doppelleitung von 50 mm² Querschnitt, wenn der Abstand beider Leitungen 60 cm beträgt?

$$L = \frac{2}{10^4} \cdot \left(0{,}5 + 4{,}6 \log \frac{60}{0{,}4}\right)$$

$$L = \frac{2}{10^4} \cdot (0{,}5 + 10{,}05)$$

$$L = 0{,}0021\ \text{Henry}.$$

Bei der physikalischen Betrachtung elektromagnetischer Erscheinungen wird vielfach mit dem Selbstinduktionskoeffizienten gerechnet. — Man erinnere sich nur an die Theorie der Stromwendung bei Gleichstrommaschinen, wo der Selbstinduktionskoeffizient der stromwendenden Spule die Hauptrolle spielt. — Wo früher der Praktiker nur mit Feldern rechnete, zieht er jetzt notgedrungen bei Behandlung der Theorie von Transformatoren und Wechselstrommaschinen den Selbstinduktionskoeffizienten vor, weil durch diese mathematische Behandlung der Aufgaben die Ergebnisse sehr übersichtlich werden. Auch wir werden vielfach nur mit diesem Koeffizienten arbeiten. Die Beziehung zwischen dem Felde Φ und dem Selbstinduktionskoeffizienten L ist nun einfach:

$$\Phi = \frac{0{,}4\,\pi\,w \cdot J}{\frac{l}{\mu F}} = \frac{0{,}4\,\pi\,w \cdot J}{\mathfrak{W}} \text{ cgs E}$$

$$L = \frac{0{,}4\,\pi\,w^2}{\mathfrak{W}} \text{ cgs E.}$$

Daher ist

$$\Phi = L\frac{J}{w}$$

und

$$L = \Phi\,\frac{w}{J}.$$

Öffnen wir den Schalter, Fig. 3, so wird der Strom in einer sehr kleinen Zeit unterbrochen. Das Feld bricht dabei zusammen, und zwar so, daß eine rückgängige magnetische Welle entsteht, die bei a versinkt. Wieder schneidet die magnetische Welle die Drähte, und es entsteht in denselben eine elektromotorische Kraft, die nach der Handregel die Richtung des verschwindenden Stromes besitzt. Diese EMK hat einen Strom zur Folge. Es hat den Anschein, als ob die elektromagnetische Trägheit der Spule sich dem Verschwinden des Stromes entgegensetzen würde. Dabei wird jene elektrische Energie frei, die man beim Schließen des Schalters zur Entwicklung des Feldes benötigt hat. Also gerade so, wie beim Schwungrad: Dasselbe hatte bei Gleichlauf einen Energieinhalt $L\,\frac{\omega_0^2}{2} = \frac{m\,v^2}{2}$, wenn m die Masse, v die Geschwindigkeit des Schwungradkranzes bedeutet. Wird nun augenblicklich das Schwungrad mehr gebremst, so will dieses seiner Trägheit wegen die ursprüngliche Geschwindigkeit v beibehalten. Die Trägheit wirkt also im Drehsinne der Bewegung. Fig. 4 zeigt den Verlauf der Stromstärke und der EMK der Selbstinduktion beim Ausschalten.

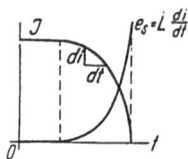

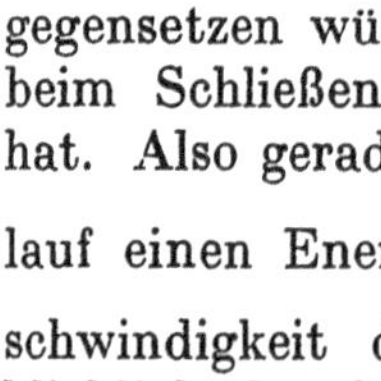

Fig. 5.

Wenn man zur Spule in Fig. 3 einen Widerstand parallel schaltet, so kann sich die freiwerdende Energie in diesem Widerstand entladen. Nehmen wir beispielsweise an, daß die Unterbrechung 0,001 Sekunden währte, so ist die mittlere erzeugte EMK der Selbstinduktion nach der Formel $e_s s = L \frac{d i}{d t}$ zu berechnen. Es war nun die an die Spule angelegte Spannung 2 Volt. Der Ohmsche Widerstand der Spule betrug 80 Ω. Der Selbstinduktionskoeffizient war 1,2 Henry. Dann war der Endstrom nach dem Schließen des Schalters $J = \frac{2}{80} = 0{,}025$ Ampere, die in das magnetische Feld hineingelegte Energie

$$W = \frac{L J^2}{2} = \frac{1{,}2 \cdot 0{,}025^2}{2} = 3{,}75 \cdot 10^{-4} \text{ Joule.}$$

Beim Ausschalten des Stromes war

$$e_s = 1{,}2 \frac{0{,}025}{0{,}001} = 30 \text{ Volt.}$$

Die Leistung

$$\frac{\text{Arbeit}}{\text{Zeit}} = \frac{3{,}75 \cdot 10^{-4}}{0{,}001} = 0{,}375 \text{ Watt.}$$

Anmerkung: Denken wir uns im Schaltbilde Fig. 3 statt des Elementes eine Wechselstromquelle geschaltet, so daß die Stromstärke von Null bis zu einem Höchstwerte zunehmend wieder zu Null wird, dann die Stromrichtung sich ändert und dasselbe Spiel sich nochmals wiederholt. Dieser ganze Vorgang (eine Periode) spiele sich nun in einer Sekunde fünfzigmal ab (Frequenz f des Wechselstromes = 50). Es muß sich dann in einer Sekunde das Feld hundertmal aufbauen und hundertmal muß es zusammenbrechen. Hundertmal wird in das entstehende Feld Energie angehäuft, hundertmal wird diese Energie wieder frei. Diese Überlegung zeigt schon, welchen Einfluß die elektromagnetische Trägheit auf die tatsächlichen Ausgleichserscheinungen haben muß.

Noch sinnfälliger wirkt das mechanische Beispiel: Dort hatte z. B. ein Mann ein Schwungrad in einer bestimmten Zeit auf eine bestimmte Umfangsgeschwindigkeit zu bringen, dabei noch einen Bremswiderstand zu überwinden. Jetzt stelle ich aber an diesen Mann das Ansinnen, z. B. in einer Minute das Schwungrad hundertmal zu beschleunigen und hundertmal bis zum Stillstand zu bremsen! Daß dann die eigentliche Bremsarbeit ganz unwesentlich im Vergleich zur Beschleunigungs- und Verzögerungsarbeit wird, ist einleuchtend.

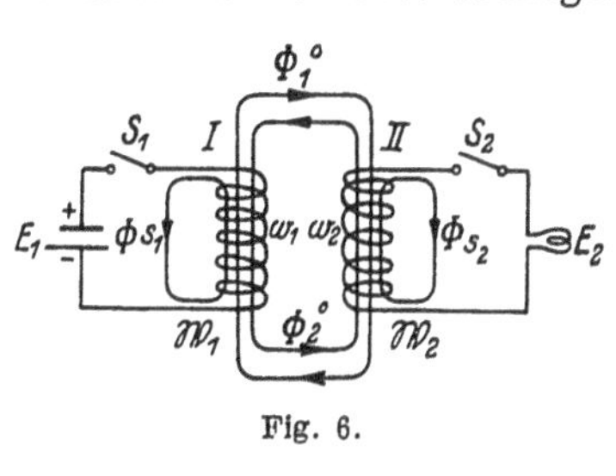

Fig. 6.

In Fig. 6 sind zwei benachbarte Spulen dargestellt. Beide Spulen können auch auf einen gemeinsamen Eisenring gewickelt sein. Schließen wir den Schalter S, so entwickelt sich das Feld Φ, das die Windungen der ersten Spule schneidet. In dieser Spule entsteht also wie früher eine EMK der Selbstinduktion

$$e_{s1} = L_1 \frac{d\,i_1}{d\,t}.$$

Das Feld Φ_1 besteht aber aus zwei Teilen. Der eine Teil Φ_{s1} schließt sich auf den in der Figur gezeichneten Pfad. Dieser Pfad, Streupfad genannt, hat einen magnetischen Widerstand $\mathfrak{W}_{s1}$. Der andere Teil $\Phi_1{}^0$ verfolgt einen anderen Pfad. Dieser Fluß durchdringt die zweite Spule und erzeugt dort ebenfalls eine EMK, die wir wie folgt aufschreiben müssen:

$$e_{s2} = M \frac{d\,i_1}{d\,t}.$$

M nennt man nun den Koeffizienten der gegenseitigen Induktion. Wir sehen bereits, daß er die Verminderung des Feldes Φ_1 durch die Streuung berücksichtigt. Während es nun in den meisten Fällen unmöglich ist, das Streufeld richtig aufzuzeichnen, umfaßt die Größe M genau die Wirkung des Streufeldes. Manche Linien des Streufeldes werden alle Windungen der Spule I durchdringen, andere nur wenige Windungen. In der Praxis werden wir nur mit einem ideellen Felde rechnen können, das dieselben Wirkungen hervorbringt wie das wirkliche Streufeld.

Bei gleicher Windungszahl beider Spulen wird e_{s2} kleiner sein müssen als e_{s1}, daher wird in diesem Falle M auch kleiner sein müssen als L.

Wie bereits erwähnt, hat der Streupfad den Widerstand $\mathfrak{W}_{s1}$, das Feld $\Phi_1{}^0$ hat den magnetischen Widerstand $\mathfrak{W}$, das gesamte Feld Φ_1 verläuft auf dem magnetischen Widerstand $\mathfrak{W}_1$. Da das Feld Φ_1 aus den beiden nebeneinander geschalteten Flüssen Φ_{s1} und $\Phi_1{}^0$ besteht, wird auch die gesamte Leitfähigkeit aus der Summe der Leitfähigkeiten der beiden parallel geschalteten Wege sein. Wir schreiben deshalb:

$$\frac{1}{\mathfrak{W}_1} = \frac{1}{\mathfrak{W}_{s1}} + \frac{1}{\mathfrak{W}}.$$

Wir könnten den Versuch umkehren, an die Spule II die Stromquelle schließen und in der Spule I die induzierte EMK beobachten. Dann wäre

$$e_{s1} = M \frac{d\,i_2}{d\,t}$$

$$\Phi_2 = \Phi_{s2} + \Phi_2{}^0$$

$$\frac{1}{\mathfrak{W}_2} = \frac{1}{\mathfrak{W}_{s2}} + \frac{1}{\mathfrak{W}}.$$

Jedem dieser Felder ist dann ein Induktionskoeffizient zugeeignet, wie aus folgender Zusammenstellung ersichtlich ist:

$$\Phi_1 = \frac{0{,}4\,\pi\, i_1\, w_1}{\mathfrak{W}_1} \qquad L_1 = \frac{0{,}4\,\pi\, w_1^2}{\mathfrak{W}_1} = \frac{\Phi_1\, w_1}{i_1}$$

$$\Phi_{s1} = \frac{0{,}4\,\pi\, i_1\, w_1}{\mathfrak{W}_{s1}} \qquad L_{s1} = \frac{0{,}4\,\pi\, w_1^2}{\mathfrak{W}_{s1}} = \frac{\Phi_{s1}\, w_1}{i_1}$$

$$\Phi_1^0 = \frac{0{,}4\,\pi\, i_1\, w_1}{\mathfrak{W}} \qquad L_1^0 = \frac{0{,}4\,\pi\, w_1^2}{\mathfrak{W}} = \frac{\Phi_1^0\, w_1}{i_1}.$$

Es ist somit

$$L_{s1} + L_1^0 = 0{,}4\,\pi\, w_1 \left(\frac{w_1}{\mathfrak{W}_{s1}} + \frac{w_2}{\mathfrak{W}}\right)$$

$$= \frac{w_1}{i_1}\,\Phi_{s1} + \frac{w_1}{i_1}\,\Phi_1^0$$

$$= \frac{w_1}{i_1}\,(\Phi_{s1} + \Phi_1^0)$$

$$= \frac{w_1}{i_1}\,\Phi_1 = L_1$$

$$L_{s1} + L_1^0 = L_1.$$

Ebenso ist

$$\Phi_2 = \frac{0{,}4\,\pi\, i_2\, w_2}{\mathfrak{W}_2}. \qquad L_2 = \frac{0{,}4\,\pi\, w_2^2}{\mathfrak{W}_2} = \Phi_2\,\frac{w_2}{i_2}$$

$$\Phi_{s2} = \frac{0{,}4\,\pi\, i_2\, w_2}{\mathfrak{W}_{s2}}. \qquad L_{s2} = \frac{0{,}4\,\pi\, w_2^2}{\mathfrak{W}_{s2}} = \Phi_{s2}\,\frac{w_2}{i_2}$$

$$\Phi_2^0 = \frac{0{,}4\,\pi\, i_2\, w_2}{\mathfrak{W}}. \qquad L_2^0 = \frac{0{,}4\,\pi\, w_2^2}{\mathfrak{W}} = \Phi_2^0\,\frac{w_2}{i_2}$$

$$L_{s2} + L_s^0 = L_2.$$

Wir machen nun folgende Rechnung:

$$L_1^0 \cdot L_2^0 = \frac{N_1^0 \cdot w_1}{i_1} \cdot \frac{\Phi_2^0 \cdot w_2}{i_2}$$

$$= \frac{0{,}4\,\pi\, w_1^2}{\mathfrak{W}} \cdot \frac{0{,}4\,\pi\, w_2^2}{\mathfrak{W}}.$$

Es ist daher

$$\sqrt{L_1^0 \cdot L_2^0} = \frac{0{,}4\,\pi \cdot w_1 \cdot w_2}{\mathfrak{W}} = M.$$

Wir können also den Koeffizient der gegenseitigen Induktion durch die Selbstinduktionskoeffizienten L_1^0 und L_2^0 ausdrücken.

Es ist aber praktischer, den Koeffizienten der gegenseitigen Induktion M durch die Selbstinduktionskoeffizienten L_1 und L_2 auszudrücken, also statt

$$M = \sqrt{L_1^0 \cdot L_2^0}$$

$$M = k\sqrt{L_1 \cdot L_2}$$

zu setzen.

k ist der sog. Kupplungsfaktor. Er wird immer kleiner sein als Eins. Den Wert Eins erhielt er erst dann, wenn man Spule II soweit über den Eisenkern schieben könnte, bis diese sich mit Spule I deckt.

Um den Sinn des Kupplungsfaktors zu erfassen, machen wir folgende Überlegungen: Da das Feld Φ_1^0 kleiner ist als Φ_1, wird das Verhältnis $\frac{\Phi_1}{\Phi_1^0} = s_1$ immer größer sein als Eins. Dieser Faktor ist der sog. Hopkinsonsche Streufaktor, wie er auch bei den Magnetgestellen der Gleichstrommaschinen vorkommt. Will man nämlich im Luftspalt unter einem Pol einen Fluß Φ erreichen, so muß man für einen Pol soviel Amperewindungen aufbringen, daß der Fluß im Pol $\Phi \cdot s$ wird. Ebenso ist

$$\frac{\Phi_2}{\Phi_2^0} = s_2.$$

Es ist somit

$$L_1^0 = \frac{\Phi_1^0 \cdot w_1}{i_1} = \frac{\Phi_1 \cdot w_1}{s_2 \cdot i_1}$$

und

$$L_2^0 = \frac{\Phi_2^0 \cdot w_2}{i_2} = \frac{\Phi_2 \cdot w_2}{s_2 \cdot i_2}.$$

Da aber nach früherem

$$L_1 = \frac{\Phi_1 w_1}{i_1}, \quad L_2 = \frac{\Phi_2 w_2}{i_2}$$

so ist

$$L_1^0 = \frac{L_1}{s_1} \text{ und } L_2^0 = \frac{L_2}{s_2}.$$

Es ist daher

$$M = \sqrt{L_1^0 \cdot L_2^0} = \sqrt{\frac{L_1 \cdot L_2}{s_1 \cdot s_2}}$$

und

$$k = \sqrt{\frac{1}{s_1 \cdot s_2}}.$$

Die Kupplung zweier Spulen kann stark oder lose sein. Je kleiner die Streufaktoren s_1 und s_2, desto starrer sind die Spulen gekuppelt. Dies ist z. B. beim Transformator der Fall.

Wir wissen, daß Maxwell zu seinen berühmten Gleichungen durch Annahme einer Hilfsvorstellung gekommen ist. Nach dieser Vorstellung erscheint die Beziehung eines elektrischen Stromes zu seinen Kraftlinien gleich der einer Zahnstange zu den Zahnrädern, in die sie eingreift. Die Zahnstange sind die sich drehenden Friktionsteilchen, die so die Energie fortleiten, die Räder sind die stofflichen, magnetischen Wirbel, die das Feld bilden. Die Friktionsteilchen können sich nun in einem Leiter ungehindert fortbewegen, in einem Isolator werden sie durch eine elastische Rückwirkung daran zumeist gehindert. Durch die EMK wird auch hier das Rollen der Friktionswirbel eingeleitet. Im Isolator verhalten sie sich aber so, wie wenn sie an Gummifäden hingen. Sie rollen wohl ein wenig, verharren aber in einer äußersten Lage, da die elastische Kraft der Gummifäden der treibenden Kraft das Gleichgewicht hält. Es erfolgt eine Verschiebung einer Elektrizitätsmenge nach einer bestimmten Richtung. Der Betrag der Verschiebung hängt von der Natur des Körpers und von der Stärke der elektromotorischen Kraft ab. Man sagt, man habe den Körper elektrisch geladen. Jeder positiven Ladung entspricht eine gleiche negative Ladung. Beide Belege bilden mit dem dazwischenliegenden Dielektrikum einen Kondensator. Zwischen den Belegen verlaufen im Dielektrikum die elektrischen Kraftlinien, die insgesamt das elektrische Feld bilden. Je größer die Potentialdifferenz der Belege, desto stärker ist das elektrische Feld, es ist unmittelbar ein Maß für die Potentialdifferenz. — Die Klemmen eines Elementes oder eines Stromerzeugers sind bereits die beiden Belege eines Kondensators, dessen Dielektrikum die Luft ist.

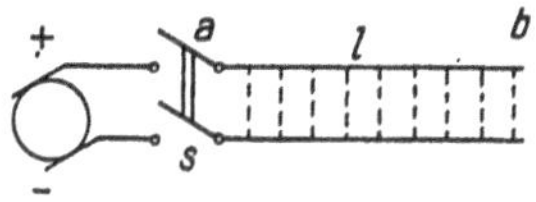

Fig. 7.

Wenn man den Schalter S in Fig. 7 schließt, so setzt man die beiden Leiter, das Netz unter Spannung. Nach den vorhergehenden Erklärungen hat man das Netz eben aufgeladen. Es geht längs der Leiter und durch die Luft eine Verschiebung vor sich, ein »Ruck«. Die Spannung ist von a bis nach b gelangt. Zwischen den Leitern entsteht ein elektrisches Feld.

Die aufgeladene Elektrizitätsmenge hängt also von der Potentialdifferenz und der Art und Form des Kondensators ab. Wir schreiben

$$Q = E \cdot C.$$

C ist die sog. Kapazität des Kondensators.

Durch jeden Querschnitt des Dielektrikums und durch jeden Querschnitt der Zuführungsdrähte verschiebt sich also eine bestimmte Elektrizitätsmenge, so daß man, einen bestimmten Querschnitt betrachtend, füglich von einer Stromstärke sprechen darf. Es ist dann die durch einen Querschnitt hindurchgehende Elektrizitätsmenge

$$Q = \int_0^t i \cdot dt.$$

Die cgs-Einheit der Kapazität ergibt sich aus der Formel

$$C = \frac{Q}{E}.$$

Wenn also bei einer Spannungsänderung von 1 CG = 10^{-8} Volt auf den Kondensator die cgs-Einheit der Elektrizitätsmenge (= 10 Ampere × 1 Sek.) fließt, so wäre die Kapazität dieses Kondensators Eins. Diese Einheit ist ungeheuerlich groß, deren Größe gar nicht auszudenken. Der tausendmillionste Teil dieser Einheit ist ein Farad, das ist jene Kapazität, bei der eine Potentialdifferenz von einem Volt eine Elektrizitätsmenge von 1 Coulomb (= 1 Amp × 1 Sek.) auf den Kondensator schiebt. Aber auch diese Kapazität kommt in der Praxis nicht vor. Man nimmt davon den millionsten Teil und nennt diesen ein Mikrofarad (μ F).

In der Radiotechnik pflegt man die Kapazität in cm auszudrücken und versteht darunter die Kapazität einer Kugeloberfläche, deren Radius 1 cm ist. — 1 Mikrofarad = 900000 cm. Wenn man statt Luft ein anderes Dielektrikum wählt, so wird die Kapazität ε mal größer. ε nennt man die Dielektrizitätskonstante. Sie ist z. B. für Ebonit 2 ÷ 3, für Glas 6 ÷ 9, Glimmer 4 ÷ 8, Hartpapier 3,6 und für Transformatoröl 2,5.

Die Herstellung der Kondensatoren erfolgt durch Übereinanderlegen von Zinnfolie, die durch Hartpapier voneinander isoliert sind. Die Isolation überragt den Metallbelag, um Randentladungen zu vermeiden. Die Zinnfolie steht abwechselnd auf beiden Seiten über das Hartpapier vor. Diese Teile werden über ein Kupferband gewickelt, das zu der Klemme führt.

Bei Spannungen, die über 100 Volt betragen, nimmt man für die isolierenden Zwischenlagen Glimmer. Die Kapazität der Kondensatoren steigt mit wachsender Temperatur. Kondensatoren wird man immer kurzschließen, damit während der Zeit, wo sie nicht benutzt werden, keine dauernde Polarisation des Dielektrikums eintreten kann.

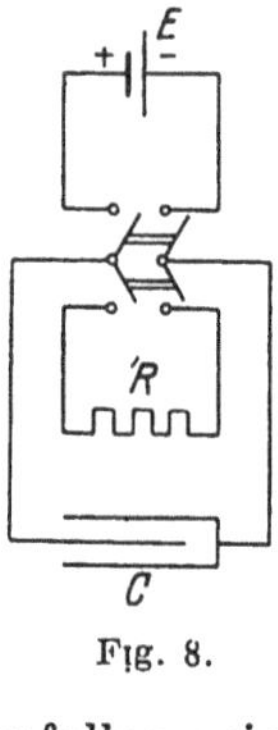

Fig. 8.

In Fig. 8 ist eine Schaltung angegeben, mittels derer man einen Kondensator aufladen und durch einen Ohmschen Widerstand entladen kann. Wir wollen nun eine Formel ableiten, nach der wir die augenblickliche Stromstärke in der Zeit t berechnen können.

Nach einer bestimmten Zeit t ist die Anfangsspannung E auf e gesunken. In dem darauffolgenden Zeitelement dt wird die Spannung weiter um den Betrag de gefallen sein. Die in diesem Zeitelement durch einen Drahtquerschnitt geflossene Elektrizitätsmenge kann man zweierlei ausdrücken:

$$dQ = C \cdot de$$
$$dQ = i \; dt,$$

daher ist

$$-C \cdot de = i \cdot dt,$$

(de ist eine Abnahme, daher negativ zu nehmen)

$$-C \cdot de = \frac{e}{R} \cdot dt$$

$$\frac{de}{e} = -\frac{1}{CR} \cdot dt$$

$$\ln e = -\frac{1}{C \cdot R} t + K.$$

Um die Integrationskonstante K zu bestimmen, erinnern wir uns, daß zur Zeit $t = 0$ die augenblickliche Spannung e die Anfangsspannung E war.

$$\ln E = K$$

$$\ln e = -\frac{1}{C \cdot R} t + \ln E$$

$$\ln \frac{e}{E} = -\frac{1}{C \cdot R} t.$$

Nennen wir die Basis des natürlichen Logarithmensystems $\varDelta$, so wird

$$\varDelta^{-\frac{t}{C \cdot R}} = \frac{C}{E}$$

und

$$e = E \cdot \varDelta^{-\frac{t}{C \cdot R}}$$

$$i = \frac{E}{R} \cdot \varDelta^{-\frac{t}{C \cdot R}}.$$

Zwecks Berechnung von Kapazitäten führt man statt der Kapazität deren reziproken Wert, den dielektrischen Widerstand, ein.

Wir wollen die Einheitsladung auf eine bereits elektrisch geladene Kugel vom Radius r_2 bringen. Die Kugel selbst habe eine Ladung von Q Einheiten. — Sind die beiden gedachten Elektrizitätsmengen gleichartig, so muß man beim Nähern der Einheitsladung eine bestimmte Arbeit verrichten. Der dabei zu überwindende Widerstand ist nach dem Coulombschen Gesetz veränderlich:

$$P = \frac{Q \times 1}{\varepsilon \cdot r^2} \text{ dyn.}$$

ε ist die Verschiebbarkeit des Mediums, die sog. Dielektrizitätskonstante, r die augenblickliche Entfernung der Einheitsladung vom Mittelpunkte der geladenen Kugel. — Nähert sich nun die Einheitsladung um die Strecke dr, so ist die aufgewendete mechanische Arbeit

$$dA = \frac{Q}{E \cdot r^2} \cdot dr \text{ Erg.}$$

Hat man die Einheitsladung aus der Entfernung r_1 auf die Oberfläche der Kugel mit dem Radius r_2 gebracht, so war die ganze aufgewandte Arbeit

$$A = \int_{r_1}^{r_2} \frac{Q}{\varepsilon r^2} \cdot dr \text{ Erg}$$

$$A = \frac{Q}{\varepsilon}\left(\frac{1}{r_2} - \frac{1}{r_1}\right) \text{Erg.}$$

War nun die Entfernung r_1 sehr groß, so kann man $\frac{1}{r_1}$ vernachlässigen und man erhält als gesamte Arbeit

$$A = \frac{Q}{\varepsilon \cdot r_2} \text{ Erg.}$$

Durch diesen Arbeitsaufwand wird das sog. Potential der Ladung Q gemessen. — Haben zwei geladene Kugeln verschiedene Potentiale, so nennt man den Potentialunterschied die elektrische Spannung $\mathfrak{U}$.

Schreiben wir die Arbeit A durch Erweiterung mit 4π in der Form

$$A = Q \int_{r_1}^{r_2} \frac{4\pi}{\varepsilon} \cdot \frac{dr}{4 r^2 \pi} \text{ Erg}$$

auf, so erhalten wir auch

$$A = Q \int_{r_1}^{r_2} \frac{4\pi}{\varepsilon \cdot F} \cdot dr \text{ Erg.}$$

In dieser Formel bedeutet dr den unendlich kleinen Weg in der Richtung der elektrischen Kraftlinien und F allgemein die Fläche, die dort vom gesamten elektrischen Fluß senkrecht durchsetzt wird. — Der Integralausdruck ist nun der sog. dielektrische Widerstand, also der Arbeitswert der Einheitsladung

$$A = Q \cdot R = Q \cdot \frac{1}{C} \text{ ESE.}$$

Verläuft z. B. der elektrische Kraftlinienfluß zwischen zwei im Abstande d cm parallel aufgestellten Platten von der Fläche F, so wird

$$A = \mathfrak{U} = Q \cdot \frac{4\pi}{\varepsilon} \cdot \frac{d}{F}$$

$$\mathfrak{U} = Q \cdot R = Q \cdot \frac{1}{C} \cdot$$

Es ist also

$$\frac{1}{C} = \frac{4\pi}{\varepsilon} \cdot \frac{d}{F}$$

und

$$C = \frac{\varepsilon \cdot F}{4\pi d} \text{ ESE}$$

oder

$$C = \frac{\varepsilon F \cdot 10^{-5}}{36 \pi d} \mu F.$$

Setzt sich der Plattenkondensator aus n Platten zusammen, so ist:

$$C = \frac{\varepsilon \cdot F (n-1)}{36 \pi \cdot d} \mu F.$$

Bei einem konzentrischen Zweileiterkabel hat die innere Leitung einen kreisförmigen Querschnitt von $2r_1$ cm, die zweite Leitung einen ringförmigen Querschnitt vom Innendurchmesser $2r_2$ cm. Die elektrischen Kraftlinien verlaufen wie die Radien. Die Flächen F des Dielektrikums sind konzentrische Röhren. Hat eine solche Röhre eine Länge von l cm und einen Radius von r cm, so ist die Fläche

$$F = 2\pi r l \,\mathrm{cm}^2$$

und der dielektrische Widerstand

$$dR = \frac{4\pi}{\varepsilon} \cdot \frac{dr}{2\pi r l}$$

$$dR = \frac{2}{\varepsilon \cdot r l} \cdot dr.$$

Integriert man diesen Ausdruck von r_1 nach r_2, so erhält man

$$R = \frac{2}{\varepsilon \cdot l} \int_{r_1}^{r_2} \frac{dr}{r}$$

$$R = \frac{2}{\varepsilon l} \cdot \ln \frac{r_2}{r_1},$$

dann ist die Kapazität

$$C = \frac{\varepsilon l}{2 \ln \frac{r_2}{r_1}} \text{ ESE.}$$

Wenn man nun von den natürlichen zu den Briggschen Logarithmen übergeht, ferners l in km und C in μF ausdrückt, so erhält man

$$C = 0{,}024 \frac{\varepsilon \cdot l}{\log \frac{r_2}{r_1}} \mu F.$$

Auf ähnliche Weise berechnet sich die Kapazität einer Doppelfreileitung, deren Entfernung a cm beträgt. Der Durchmesser einer Leitung sei $2r$ cm

$$C = 0{,}012 \frac{l}{\log \frac{a-r}{r}} \mu F.$$

Soll die Kapazität einer Leitung gegen Erde bestimmt werden, so ist diese bei einer Entfernung von h cm von der Erdoberfläche durch folgende Formel gegeben:

$$C = 0{,}024 \frac{l}{\log \frac{2h}{r}} \mu F,$$

r ist wieder der Halbmesser des Leitungsdrahtes in cm. l die Länge in km.

II. Kapitel.

Erzeugung des Wechselstroms. Über das Messen von Wechselstromgrößen. Wechselstrommeßinstrumente. Konstruktive Bestimmung des Effektivwertes. Methoden zur Aufnahme von Wechselstromgrößen. Zusammensetzen und Analyse von Wechselstromgrößen. Darstellung der Wechselstromgrößen durch Vektoren, komplexe Zahlen und die topographische Methode.

Wir denken uns ringförmige, auf einer Seite mit Seidenpapier isolierte Bleche nach Fig. 9 zu einem Blechpaket zusammengebaut und dieses von einem eisernen Mantel getragen. In dem Blechpaket seien vorerst nur zwei Nuten bei *b* und *d* vorhanden. In diesen Nuten liegt eine Spule mit den beiden Spulenseiten *b* und *d*. Die Enden der Spulen führen zu zwei Klemmen. Innen kann sich ein Magnet drehen. Der Magnet wird von einem Gleichstrom erregt, den wir von einem Gleichstromnetz oder von einer kleinen Gleichstrommaschine entnehmen, die auf dem Wellenstumpf der Maschine aufgebaut ist. Mittels zweier Bürsten und zweier Schleifringe wird der Gleichstrom dem Polrad zugeführt. Die Pole haben eine runde Form, so daß der Luftspalt und daher auch die Induktion $\mathfrak{B}$ im Luftspalt verschieden groß sind. — In der gezeichneten Lage wird bei *a* die Induktion Null sein. Sie wächst, wenn wir am inneren Umfang vorwärts schreiten, wird bei *b* den Höchstwert erreichen, dann wieder abnehmen, um bei *c* abermals Null zu werden. Dasselbe wiederholt sich von *c* über *d* nach *a* zurück. Bei *d* tritt der Fluß aus dem Ständer aus, um in den Südpol einzutreten. Denken wir uns den inneren Rand des Ständers abgewickelt und aufgerollt, wie Fig. 10 zeigt, und die

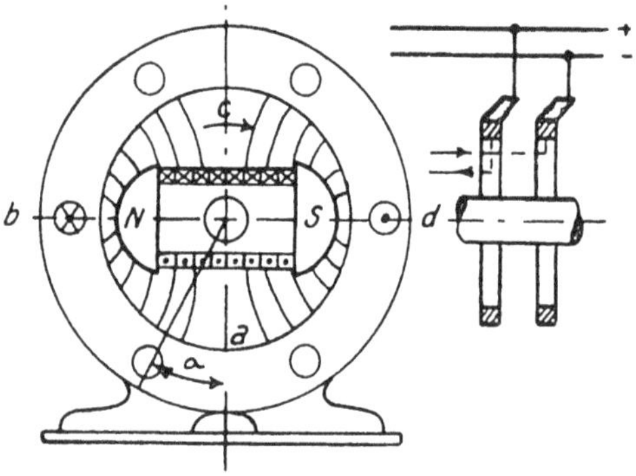

Fig. 9.

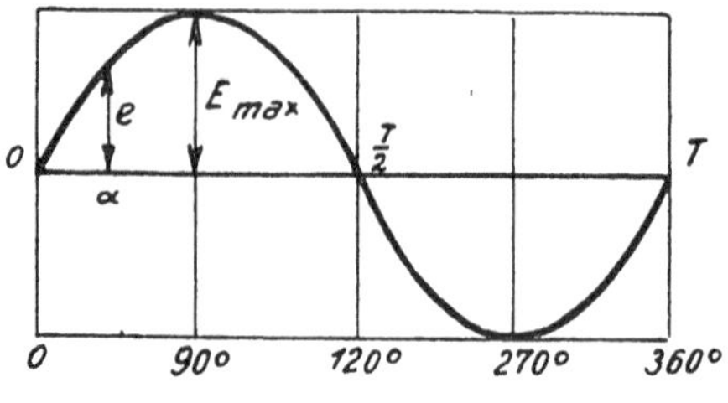

Fig. 10.

Induktionen als Lote aufgetragen, so erhalten wir eine Kurve, die den gezeigten Verlauf hat, wenn die Pole in unserem Falle die entsprechende Rundung besitzen. Man nennt diese Kurve eine Sinoide. — In der gezeichneten Lage ist die Induktion links von a in der Entfernung des Winkels α durch die Formel bestimmt

$$\mathfrak{B} = \overline{\mathfrak{B}} \cdot \sin \alpha.$$

Dreht sich nun das Polrad und mit ihm das sinoidale Feld, so wird an den Klemmen der Spule eine veränderliche EMK bemerkbar sein. Befindet sich der Nordpol bei a, so sei die Zeit $t = 0$. In diesem Augenblick ist die Induktion bei b ebenfalls Null und daher auch die EMK in der Spule Null. An den Klemmen der Maschine wird keine Spannung zu beobachten sein. Bei weiterer Drehung steigt die Spannung an den Klemmen, erreicht ihren Höchstwert, wenn der Nordpol bei b ist, wird kleiner und abermals Null, wenn der Nordpol bei c angelangt ist usf. War das Feld sinoidal, so wird auch die in der Spule geweckte EMK mit der Zeit sinoidal verlaufen, wie Fig. 11 zeigt. Jetzt drückt der Winkel α eine Zeit aus. Der Bogen über dem Winkel α sei beim Radius Eins ebenfalls α.

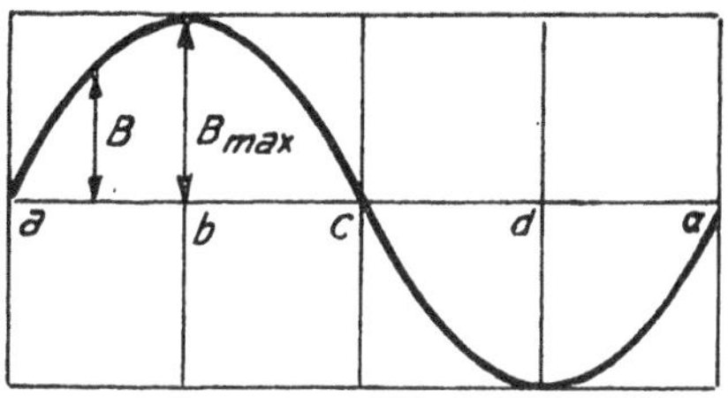

Fig. 11.

Dieser Bogen kann auch durch die Winkelgeschwindigkeit ω und die Zeit t ausgedrückt werden, so daß

$$\alpha = \omega t$$

und die augenblickliche Spannung

$$e = \overline{E} \cdot \sin \omega t$$

wird, wenn $\overline{E}$ den Höchstwert der EMK bezeichnet.

T ist die Zeit einer Periode. Sie entspricht bei unserer Maschine einer vollen Umdrehung des Polrades, also dem Winkel 2π oder 360^0. Wenn nun eine Periode T'' währt, so werden in einer Sekunde $\frac{1''}{T} = f$ Perioden vollführt. Die Anzahl der Perioden in einer Sekunde nennt man die Frequenz des Wechselstromes

$$f = \frac{1}{T} = \frac{\omega}{\omega T} = \frac{\omega}{2\pi}$$

$$\omega = 2\pi f.$$

Wir haben die Winkelgeschwindigkeit durch die Frequenz ausgedrückt.

Wenn wir an die Klemmen der Maschine parallel geschaltete Glühlampen anschließen, so fließt durch dieselben ein Wechselstrom. Die augenblickliche Stromstärke

$$i = \frac{e}{R} = \frac{\overline{E}}{R} \sin \omega t = \overline{J} \sin \omega t.$$

Wir sehen, daß auch der Strom sich mit der Zeit sinoidal ändert. — Strom und Spannung erreichen zur selben Zeit ihre Höchstwerte. Man sagt, Spannung und Strom haben gleiche Phase. Eine Wechselstromgröße ist vollkommen bestimmt, wenn die Form derselben, deren Höchstwert und deren Frequenz bekannt sind. Tritt sie gleichzeitig mit anderen Wechselstromgrößen auf, so muß noch die Phase gegeben sein. Man muß wissen, ob sie der anderen Größe voreilt oder derselben nachhinkt.

Was heißt nun eine Wechselstromgröße messen? Da sie veränderlich ist, so kann man sie nur mit der Gleichstromgröße vergleichen, und zwar nach einer bestimmten Wirkung hin. So z. B. nach der Strommenge, die während der Zeit einer Halbwelle durch einen Leiterquerschnitt fließt. Die Stromstärke jenes Gleichstromes, bei der in derselben Zeit die gleiche Elektrizitätsmenge gefördert wird, ist dann der Mittelwert der Wechselstromgröße. Beide Ströme sind dann in bezug auf Strommengeförderung gleichwertig. Dieser Mittelwert wird der voltametrische Mittelwert genannt. Er läßt sich leicht berechnen:

Nach der Zeit t ist die augenblickliche Stromstärke

$$i = \overline{J} \sin \omega t.$$

In der unendlich kleinen Zeit dt fließt durch einen Querschnitt die Strommenge

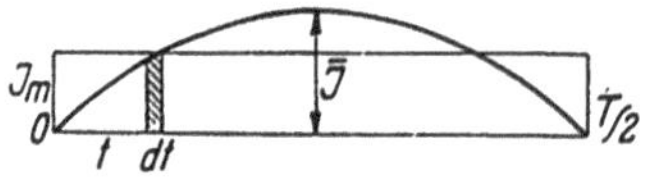

Fig. 12.

$$dQ = \overline{J} \sin \omega t \cdot dt.$$

Diese Strommenge ist durch die schraffierte Fläche dargestellt. Die während einer halben Periode gelieferte Strommenge ist die Summe aller unendlich schmalen Flächenstreifen, also die ganze Fläche, die von der Sinuslinie und der Zeitachse eingeschlossen wird. Man schreibt:

$$Q = \int dQ = \overline{J} \int_0^{\frac{T}{2}} \sin \omega \quad \cdot dt.$$

Dieses Integral ist leicht zu lösen. Setzen wir

$$\omega t = x$$

$$\omega \cdot dt = dx$$

$$\int \sin \omega t \cdot dt = \frac{1}{\omega} \int \sin x \, dx$$

$$\int \sin x\,d\,x = -\cos x = -\cos \omega\,t$$

$$Q = \frac{\bar{J}}{\omega}\left[\left(-\cos \omega \frac{T}{2}\right) - (-\cos \omega \cdot o)\right]$$

$$Q = \frac{\bar{J}}{\omega}(1 + 1) = \frac{2\,\bar{J}}{\omega}.$$

Verwandelt man nun diese Fläche in ein flächengleiches Rechteck von der Grundlinie $\frac{T}{2}$, so erhält man den gesuchten voltametrischen Mittelwert:

$$J_m m = \frac{4\,\bar{J}}{\omega\,T}.$$

und da

$$T = \frac{2\,\pi}{\omega}$$

wird

$$J_m = \frac{4\,\bar{J}}{\omega}; \frac{2\,\pi}{\omega} = \frac{2\,\bar{J}}{\pi}.$$

Nun wollen wir die Wechselstromgröße mit einem Gleichstrom gleicher Leistung vergleichen und abermals den Mittelwert suchen, den man in diesem Falle den effektiven Mittelwert nennt.

Wieder ist nach einer bestimmten Zeit die augenblickliche Stromstärke $i = \bar{J} \sin \omega t$ und die augenblickliche Leistung im Widerstande R durch die Gleichung gegeben

$$d\,N = i^2 \cdot R$$
$$= \bar{J}^2 \cdot R \sin^2 \omega\,t.$$

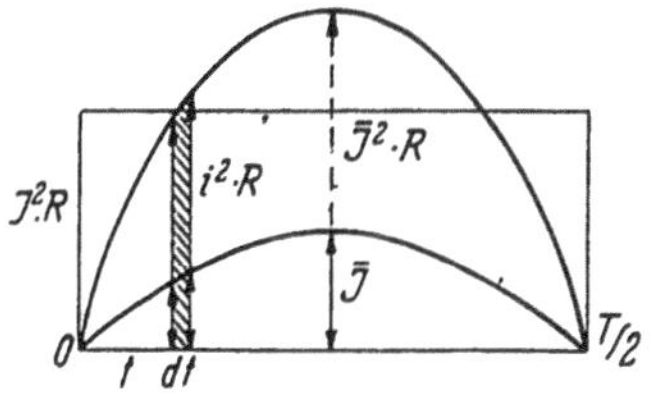

Fig. 13.

Der schmale schraffierte Streifen gibt die in der unendlich kleinen Zeit $d\,t$ gelieferte Arbeit an:

$$dA = \bar{J}^2 \cdot R \sin^2 \omega\,t \cdot d\,t.$$

Die ganze unter der i^2R-Kurve liegende Fläche ist dann die während einer Halbperiode abgegebene Arbeit

$$A = \bar{J}^2 \cdot R \int_0^{\frac{T}{2}} \sin^2 \omega\,t \cdot d\,t.$$

Wir werten das Integral aus. Wir setzen:

$$a = \omega\,t$$
$$da = \omega \cdot d\,t.$$

Daher wird aus

$$\int \sin^2 \omega\,t \cdot d\,t = \frac{1}{\omega} \int \sin^2 a\,d\,a.$$

Aus der Trigonometrie ist uns bekannt, daß

$$\cos^2 a + \sin^2 a = 1$$
$$\underline{-\cos^2 a \mp \sin^2 a = \cos 2a.}$$

Wir subtrahieren die untere von der oberen Gleichung und erhalten:

$$2 \sin^2 a = 1 - \cos 2 a$$
$$\sin^2 a = \frac{1}{2} - \frac{\cos 2 a}{2}.$$

Es wird somit aus

$$\int \sin^2 a \, d a,$$
$$\frac{1}{2} \int d a - \frac{1}{2} \int \cos 2 a \cdot d a = \frac{a}{2} - \frac{1}{2} \int \cos 2 a \cdot d a.$$

Es ist

$$\int \sin^2 \omega t \cdot d t = \frac{\omega t}{2 \omega} - \frac{1}{2 \omega} \int \cos 2 a \cdot d a.$$

Wir setzen ferner:

$$2a = u$$
$$2 \cdot da = du$$

und

$$\int \cos 2 a \cdot d a = \frac{1}{2} \int \cos u \cdot d u.$$

Nun ist $\int \cos u \, d u = \sin u = \sin 2 a = \sin 2 \omega t.$

Daraus:

$$\int \sin^2 \omega t \cdot d t = \frac{t}{2} - \frac{\sin 2 \omega t}{4 \omega}$$

$$\int_0^{\frac{T}{2}} \sin^2 \omega t \cdot d t = \left[\frac{T}{4} - 0\right] - [0 - 0] = \frac{T}{4} = \frac{2 \pi}{4 \omega} = \frac{\pi}{2 \omega}.$$

Daher wird die gesamte Arbeit

$$A = \bar{J}^2 \cdot R \cdot \frac{\pi}{2 \omega}.$$

Dividiert man diese Arbeit durch die Zeit $\frac{\pi}{\omega}$, so erhält man die mittlere Leistung:

$$N = \bar{J}^2 \cdot R \cdot \frac{1}{2}.$$

Das Quadrat der effektiven Stromstärke

$$J^2 = \frac{\bar{J}^2}{2}$$

und

$$J = \frac{\bar{J}}{\sqrt{2}}.$$

Nun sind die voltametrischen und effektiven Mittelwerte einander nicht gleich:

$$\frac{\bar{J}}{\sqrt{2}} : \frac{2\,\bar{J}}{\pi} = \frac{\pi}{\sqrt{2}} = 1{,}11\ ^{1)}.$$

Der Effektivwert ist also um 11 vH größer als der voltametrische Mittelwert.

Es handelt sich nun darum, welche Mittelwerte die Wechselstrommeßinstrumente angeben. Es sind effektive Mittelwerte, also jene, die quadriert und mit dem Widerstand des Verbrauchapparates multipliziert unmittelbar die elektrische Leistung angeben.

Das Hitzdrahtgerät.

Diese benutzen die Erwärmung eines vom Strom durchflossenen Leiters bzw. seine dadurch verursachte Ausdehnung, um den Strom zu messen. Durch den Hitzdraht fließt nur ein Teil des zu messenden Stromes. Die Konstruktion dieses von Hartmann & Braun sehr verbesserten Meßgerätes wird als bekannt vorausgesetzt. Setzen wir nun den Fall, daß die Zeit einer Halbperiode sehr groß sei, dann würde das Gerät Augenblickswerte anzeigen können. Die in einer sehr kleinen Zeit im Hitzdraht zu beobachtende Leistung ist

$$N = i^2 R.$$

Proportional dieser Leistung ist die entwickelte Wärmemenge

$$Q \cong i^2 R.$$

Proportional dieser Wärmemenge ist die Ausdehnung A des Hitzdrahtes

$$A \cong Q.$$

Proportional dieser Ausdehnung ist die Drehung der Trommel oder der Zeigerausschlag α

$$\alpha \cong A.$$

Daher muß

$$\alpha \cong i^2$$

sein. Bei der sehr geringen Zeit einer Halbperiode muß sich der Zeiger auf einen mittleren Winkel, also auf eine mittlere Stromstärke einstellen:

$$J^2 = \frac{i_1^2 + i_2^2 + i_3^2 + \cdots\cdots}{n}.$$

[1]) Der Formfaktor $\frac{J}{J_m}$ ist nur für die sinoidale Form der Kurve 1,11. Für jede andere Form hat er einen anderen Wert, so z. B. für die Dreiecksform 1,16.

Daraus ersieht man, daß der Ausschlag einen effektiven Mittelwert anzeigt. Das Gerät wird mit Gleichstrom geeicht und kann unmittelbar für Wechselstrom jeglicher Form und Frequenz verwendet werden.

Dynamometrische Meßgeräte.

Sie beruhen auf der elektromagnetischen Wechselwirkung zwischen einer beweglichen und einer festen Spule. Die bewegliche Spule wird durch eine Torsionsfeder gehemmt. Im Amperemeter werden beide Spulen vom selben Strom durchflossen und das von den Strömen herrührende Richtungsmoment ist bekanntlich dem Quadrate der Stromstärke proportional

$$\mathfrak{M} \cong i^2.$$

Die Richtkraft der Feder ist dem Verdrehungswinkel α proportional

$$\alpha \cong \mathfrak{M}_d.$$

Daher ist im Augenblicke des Gleichgewichtes

$$\mathfrak{M} = \mathfrak{M}_d$$

und

$$\alpha \cong i^2.$$

Die weiteren Überlegungen sind so wie beim Hitzdrahtgerät zu machen. Das dynamometrische Gerät zeigt also ebenfalls effektive Werte an. Es wird auch mit Gleichstrom geeicht und ist von Frequenz und Form des zu messenden Wechselstromes vollkommen unabhängig.

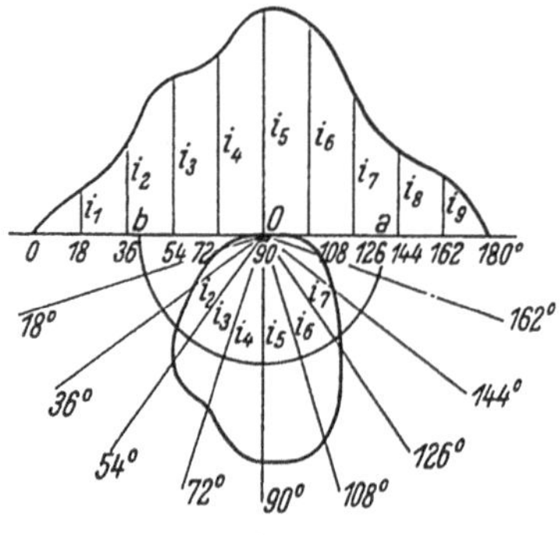

Fig. 14.

Die gewöhnlichen Eisenmeßgeräte werden mit Wechselstrom geeicht. Das zu eichende Eisengerät ist mit einem Hitzdraht- oder dynamometrischen Gerät hintereinandergeschaltet. Das Eisenmeßgerät zeigt nur für solche Wechselströme richtig, wenn der zu messende Strom dieselbe Frequenz und Form besitzt wie der Strom, mit dem es geeicht wurde.

Ist ein Wechselstrom seiner Form nach gegeben (Fig. 14), so kann der effektive Mittelwert und der Formfaktor geometrisch wie folgt erhalten werden:

$$F = \sqrt{\frac{2}{T}\int_0^{\frac{T}{2}} i^2 \cdot dt} : \frac{2}{T}\int_0^{\frac{T}{2}} i \cdot dt.$$

Der galvanische Mittelwert wird durch Planimetrieren oder nach der Simpsonschen Regel bestimmt. Der effektive Mittelwert wird mit

Hilfe des obigen gezeichneten Polardiagrammes erhalten. Man teilt sich die Basis in eine bestimmte Anzahl von Teilen und errichtet in den Teilpunkten die Lote, welche die Augenblickströme i_1, i_2 ... ergeben. Diese Augenblickswerte trägt man auf die entsprechenden Polstrahlen auf und verwandelt die dadurch sich ergebende Fläche in eine Halbkreisfläche. Der Radius dieses Halbkreises $Ob = Oa$ ist der gesuchte Effektivwert des Wechselstromes.

Die Fläche der Polarkurve ist

$$\int_0^{\pi} \frac{i^2 \cdot d\,a}{2} = \frac{\pi}{T} \int_0^{\frac{T}{2}} i^2 \cdot d\,t,$$

da der Winkel π vom Fahrstrahl gleichförmig durchlaufen wird. Die Fläche des Halbkreises ist

$$\overline{O\,b}^2 \cdot \frac{\pi}{2}.$$

Aus der Flächengleichheit folgt:

$$\overline{O\,a}^2 = \frac{2}{T} \int_0^{\frac{T}{2}} i^2 \cdot d\,t$$

oder

$$\overline{O\,a} = \sqrt{\frac{2}{T} \int_0^{\frac{T}{2}} i^2 \cdot d\,t}.$$

Die Form einer Wechselstromkurve ist von großer praktischer Bedeutung. Sie bestimmt die Anzahl der Oberwellen, die Hysteresis- und Wirbelstromverluste usf. Man muß daher in vielen Fällen die Kurvenform kennen. Man hat daher Methoden zur Aufnahme solcher Kurven ausgebildet. Meist nimmt man die Kurve punktweise auf, oder man stellt die augenblicklichen Werte als Funktion der Zeit photographisch her, wie dies in dem Oszillographen geschieht.

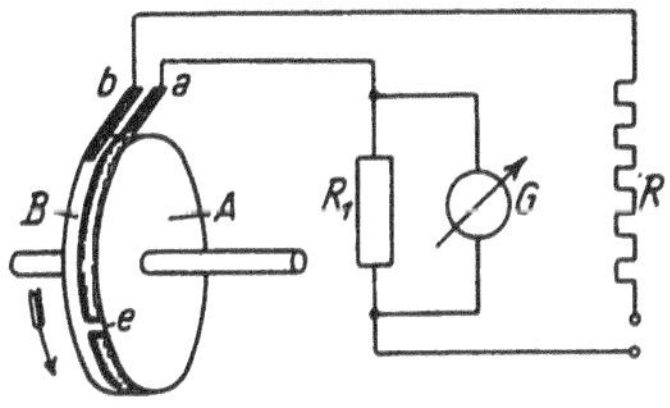

Fig. 15.

In Laboratorien ist die Joubertscheibe zur punktweisen Aufnahme von Spannungskurven gebräuchlich. Wir entnehmen z. B. den Wechselstrom den beiden Schleifringen eines Einankerumformers. Auf dessen Welle sind zwei Scheiben. Die Kontaktscheibe A besteht aus Isoliermaterial und hat ein schmales Metallsegment C, das mit dem Schleifring B metallisch verbunden ist. Auf den Scheiben A und B schleifen zwei Bürsten, die zu den Klemmen a und b führen. Bei jeder Umdrehung der Kontaktscheibe wird der Stromkreis geschlossen und das Galvanometer abgelenkt; der Widerstand R reguliert die Stromstärke,

R den Ausschlag des Galvanometers. Solange die Bürstenstellung unverändert bleibt, erfolgt der Stromschluß in demselben Augenblick der Periode, und die Stromstöße sind untereinander gleich. Da die Stromstöße in einer Sekunde sehr zahlreich sind, so zeigt das Galvanometer einen bestimmten Ausschlag; derselbe ist ein Maß für die augenblickliche Spannung. Nun kann man die Bürsten um einen bestimmten Winkel verstellen. Dieser Winkel kann an einer Skala abgelesen werden, da die Bürsten mit einem Zeiger verbunden sind. Jeder Bürstenstellung entspricht ein anderer Galvanometerausschlag. — Trägt man diese Ausschläge als Funktion der Winkel auf, so erhält man die Form der Spannungskurve. Will man die Ausschläge auf die tatsächlich augenblicklichen Spannungen zurückführen, so legt man die Bürsten an eine regulierbare Gleichstromspannung und läßt die Scheibe mit derselben Drehzahl laufen wie früher. Man reguliert dann die Gleichstromspannung derartig, daß man für eine bestimmte Stellung der Bürsten denselben Ausschlag am Galvanometer erhält wie früher. Die bekannte Gleichstromspannung entspricht dann dem Ausschlage. Somit ist die unveränderliche Beziehung zwischen Ausschlag und Spannung bekannt. — Dr. Franke hat dieses Gerät verbessert, siehe ETZ 1899, S. 202. — Statt der Schleifkontakte nimmt Arnold Druckkontakte. Siehe Elektr. u. Maschinenbau 1906. Die Kompensationsmethode verwendet Bragstad, siehe ETZ 1895. Siehe weiters ETZ 1902, S. 496, 1907, S. 986, und Zeitschrift für Instrumentenkunde 1901, S. 239.

Überlagern sich in einer Leitung mehrere Wechselströme verschiedener Frequenz, so erhält man Wechselströme von eigenen Formen, wie nachfolgende Beispiele zeigen:

a) Ein Wechselstrom mit der Frequenz *f* und ein Wechselstrom mit der Frequenz 2*f* in Fig. 16.

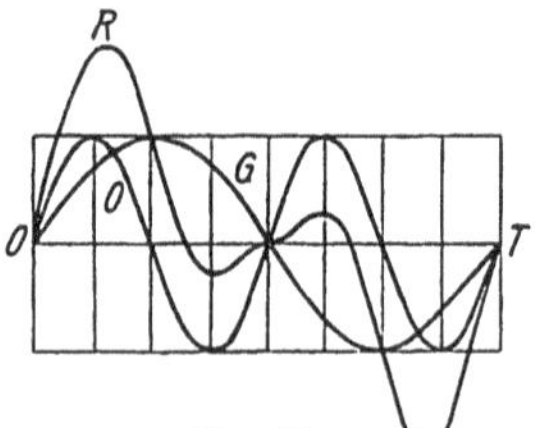

Fig. 16.

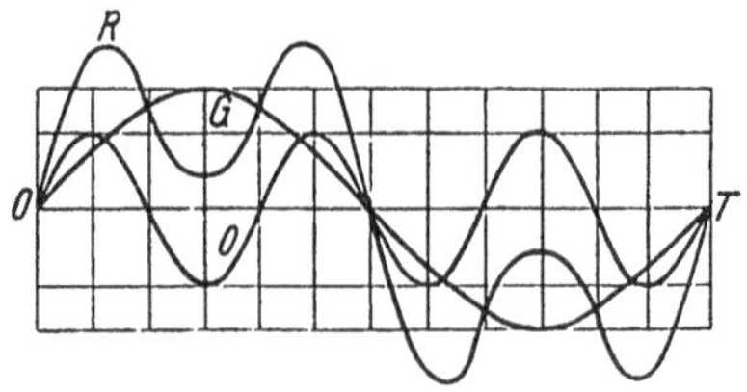

Fig. 17.

b) Ein Wechselstrom mit der Frequenz *f* und ein Wechselstrom mit der Frequenz 3*f* in Fig. 17.

c) Ein Wechselstrom der Frequenz *f* und ein Gleichstrom.

In allen drei Figuren ist *G* die Grundwelle, *O* die Oberwelle und *R* die resultierende Welle. In den ersten beiden Fällen sind die resultierenden Wellen in bezug auf die Zeitachse symmetrisch, die positive und negative Halbwelle schließen mit der Zeitachse gleiche Flächen ein, es ist

$$\int_0^T i \cdot dt = 0.$$

Wir haben es mit einer reinen Schwingung zu tun.

In Fig. 18 sind die Halbwellen unsymmetrisch

$$\int_0^T i \cdot dt = c.$$

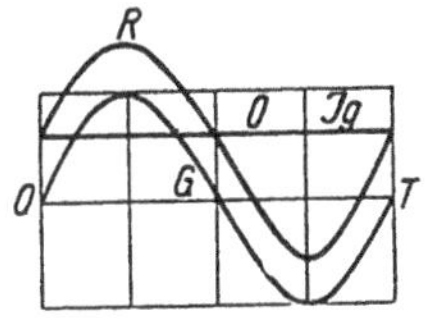

Fig. 18.

Bildet man den Quotienten $\frac{c}{T}$, so erhält man eben den Gleichstrom Jg. Es ist dann auf eine reine Schwingung ein Gleichstrom gelagert worden. Wir sprechen dann von einer wellenförmigen Schwingung.

In allen Fällen sind also eine Grundwelle und eine oder mehrere Oberwellen vorhanden, die zusammen die resultierende Welle ergeben.

Ist nun die resultierende Welle vorhanden, so muß es umgekehrt möglich sein, sie in eine Grundwelle und in Oberwellen aufzulösen. Diese Aufgabe durchzuführen ist öfters nicht zu umgehen, da dadurch die Bestimmung einzelner Größen erst möglich wird.

So kam zuerst Fourier darauf, daß sich eine beliebige Welle als Summe von Sinus- und Cosinuskurven darstellen lassen müsse. Er schrieb:

Die augenblickliche Ordinate y einer solchen Welle läßt sich auf folgende allgemeine Form zurückführen:

$$y = A_0 + A_1 \sin a + A_2 \sin 2a + \cdots\cdots + A_n \sin na +$$
$$+ \mathfrak{B}_1 \cos a + \mathfrak{B}_2 \cos 2a + \cdots\cdots + \mathfrak{B}_n \cos na.$$

A_0 ist der voltametrische Mittelwert im Intervall einer ganzen Periode. — Kennt man z. B. die Augenblickswerte zu einer Anzahl gleichabstehender Punkte der Zeitachse die zugehörigen Werte von y, so addiere man diese Werte y und teile die Summe durch die Anzahl der Ordinaten, wodurch ein Näherungswert des Mittelwertes A_0 sich ergibt. Denn es muß $\int_0^T y \cdot dt = A_0 T$, da die Integrale aller anderen Glieder, da sie reine Wellen sind, den Wert Null haben.

Der Koeffizient A_1 ist die doppelt genommene mittlere Höhe derjenigen Kurve, deren Ordinaten durch Multiplikation der Ordinaten der gegebenen Welle mit $\sin a$ ($\sin \omega t$) entstehen. Multipliziert man nämlich alle Glieder der oben angeschriebenen Fourierschen Reihe mit $\sin a\, da$ ($= \sin \omega t \cdot dt$) und integriert sodann von 0 nach T, so erhält man den Wert $\frac{1}{2} A_1 T$. Analog findet man

$$\int_0^T y \cos \omega t \cdot dt = \frac{1}{2} \mathfrak{B}_1 T.$$

Allgemein ergibt sich, daß A_n und $\mathfrak{B}_n$ gleich den jeweils doppelt genommenen Mittelwerten von $y \sin n \omega t$ und $y \cdot \cos n \omega t$ in einer ganzen Periode sind.

$$A_n = \frac{2}{T} \int_0^T y \sin n \omega t \cdot dt$$

$$\mathfrak{B}_n = \frac{2}{T} \int_0^T y \cos n \omega t \cdot dt \text{ [1]}.$$

Fischer Hinnen hat eine einfache Art zum Aufsuchen der Oberwellen und der Grundwelle angegeben und sie in der ETZ 1901, S. 396, ferner in der EuM 1909 beschrieben.

Die Auffindung der Harmonischen bei reinen Schwingungen gestaltet sich nach der letzten Methode besonders dann einfach, wenn es sich um Oszillogramme der gebräuchlichen Wechselpolstromerzeuger handelt. Diese Kurven enthalten nämlich nur die Harmonischen ungerader Ordnung, deren Nullpunkte mit dem Nullpunkte der Grundwelle zusammenfallen. Dann ist dic augenblickliche Spannung

$$e = \overline{E}_1 \sin \omega t \pm \overline{E}_3 \sin 3 \omega t \pm \overline{E}_5 \sin 5 \omega t \pm \cdots$$

Es soll z. B. für eine solche Spannungskurve die dritte und fünfte Harmonische gesucht werden. Man mache nun von der gegebenen Kurve eine genügende Anzahl von Pausen. Auf der ersten Pause teile man die Zeit einer Periode in drei Teile, und zwar so, daß der erste Teilpunkt den Abstand $\frac{T}{4 \times 3}$ vom Nullpunkt der Kurve erhält, während der zweite Teilpunkt vom ersten die Entfernung $\frac{T}{3}$ hat. Die in den Teilpunkten vorhandenen Ordinaten e_1 und e_2 werden mit Berücksichtigung der Vorzeichen addiert und dann die Summen durch drei dividiert. Man erhält so die Hilfsgröße $A_3 = \frac{e_1 + e_2}{3}$. Ebenso wird die Hilfsgröße A_5, A_7 auf den anderen Pausen bestimmt. Um A_5 zu erhalten, wird man also T in fünf Teile teilen. Der erste Abstand ist $\frac{T}{4 \times 5}$, die anderen 3 Abstände $\frac{T}{4}$. Dann ist wieder

$$A_5 = \frac{e_1 + e_2 + e_3 + e_4}{5}.$$

Hat man sich so die Hilfsgrößen bestimmt, so werden die Höchstwerte der dritten Harmonischen

$$\overline{E}_3 = A_3 - A_9 - A_{15} - A_{21} - \cdots$$

---

[1]) Allgemein gilt:

$$\int_0^T \sin n \omega t \cdot \cos m \omega t \cdot dt = 0$$

$$\int_0^T \sin n \omega t \cdot \sin m \omega t \cdot dt = 0$$

$$\int_0^T \cos n \omega t \cdot \cos m \omega t \cdot dt = 0$$

$$\int_0^T \sin^2 n \omega t \cdot dt = \frac{1}{2} T = \int_0^T \cos^2 n \omega t \cdot dt.$$

der fünften Harmonischen

$$\overline{E}_5 = A_5 - A_{15} - A_{25} \cdots$$

Da die Höchstwerte der höheren Harmonischen sehr schnell abnehmen, genügen einige Glieder.

Besteht die Belastung aus Glühlampen, so wird die Stromwelle dieselbe Form wie die Spannungswelle besitzen. Ist hingegen die Belastung induktiv oder kapazitiv, so wird die Stromwelle eine andere Form besitzen. Im allgemeinen verhalten sich die Harmonischen so, als ob sie allein vorhanden wären. Bei induktiver Belastung werden die höheren Harmonischen sehr stark abgedämpft, weil der Blindwiderstand ωL für diese Harmonischen sehr stark anwächst. Infolgedessen wird sich die Stromkurve mehr der Sinuslinie anschmiegen wie die Spannungskurve. Bei kapazitiver Belastung ist die Stromverzerrung meist größer, da ja für die höheren Harmonischen der scheinbare Widerstand des Kondensators $\frac{1}{\omega K}$ abnimmt, also die Ströme zunehmen. Es ist dann z. B. der Strom der Grundwelle

$$J_1 = \frac{E}{\frac{1}{\omega K}} = E \cdot \omega K$$

der dritten Harmonischen

$$J_3 = E \cdot 3\, \omega K$$

der fünften Harmonischen

$$J_5 = E \cdot 5\, \omega K$$

der Gesamtstrom also

$$J_1 + J_3 + J_5 = E\, \omega K\, (1 + 3 + 5).$$

Was die Leistung eines mehrwelligen Wechselstromes anbelangt, ist zu bemerken, daß jede Spannungsoberwelle nur mit dem Strom gleicher Frequenz eine Leistung ergibt, mit den Strömen aller anderen Harmonischen ist jene Spannungswelle wattlos. (Siehe S. 28.)

Darstellung der Wechselstromgrößen durch Vektoren.

Die bis jetzt geübte Darstellung von Wechselstromgrößen ist sehr anschaulich, wird aber bei gleichzeitiger Betrachtung mehrerer unübersichtlich. Außerdem kommt es hauptsächlich auf die gegenseitige Lage der Höchstwerte an. Voraussetzung bei der Vektorendarstellung ist, daß die Wechselstromgröße sinoidale Form und gleiche Frequenz haben.

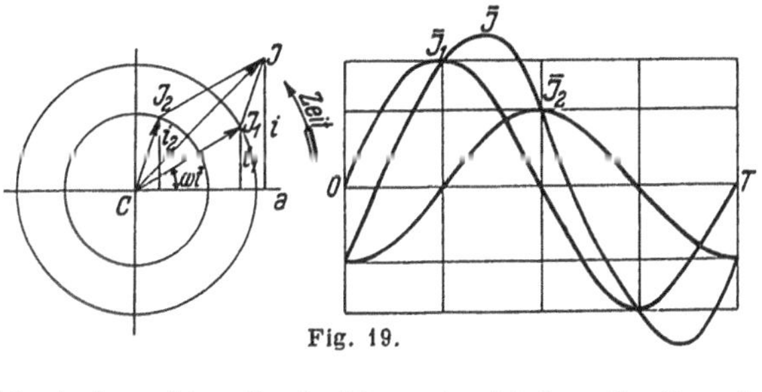

Fig. 19.

In Fig. 19 sind rechts die beiden sinoidalen Größen i_1 und i_2 und deren Summe i dargestellt. Der Phasenunterschied ist α^0. Man zeichnet sich den Vektor $\overline{J}_1$ in irgendeiner Lage auf. Die Winkel ωt zählt man von einer ruhenden Achse CA an. Man denkt sich die Vektoren drehend. Die Lote auf die CA-Achse geben (wie bei der trigonometrischen Darstellung) die Augenblickswerte an. Die Zeit einer Umdrehung entspricht der Zeit einer Periode. Der resultierende Vektor J wird nach dem Parallelogrammsatz gefunden. Daraus geht hervor, daß Wechselstromgrößen keine Skalargrößen wie z. B. das Gewicht oder die Arbeit sind, sondern vektorielle Größen, wie z. B. die Kraft, Geschwindigkeit oder die Beschleunigung.

Wenn in Fig. 20 die Strecken J_1, J_2, J_3, J_4 die Höchstwerte und die Phase der Ströme angeben, so werden sie in einem Stromplan zu einer Resultierenden ae zusammengesetzt.

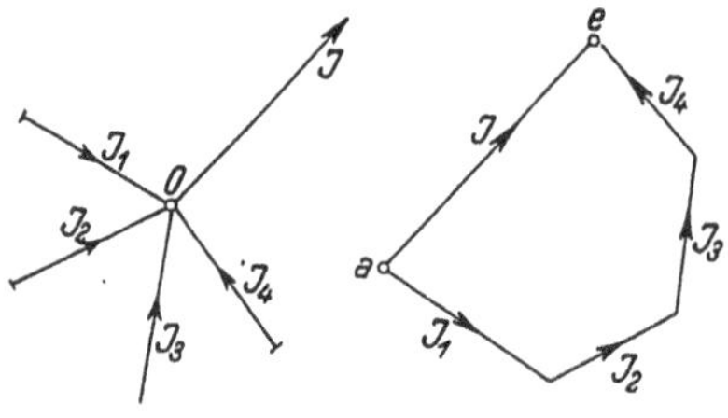

Fig. 20.

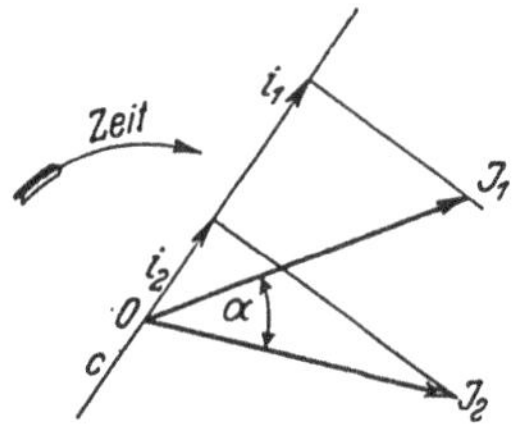

Fig. 21.

Ebensogut ist die Darstellung, nach der die einzelnen Größen ihrer Größe und Phase nach (Fig. 21) aufgezeichnet werden. Der Zeitvektor dreht sich im Sinne des Uhrzeigers so, daß einer Umdrehung die Zeit einer Periode entspricht. Kommt der Zeitvektor mit dem Strom- oder Spannungsvektor zur Deckung, so haben die Vektoren ihren Höchstwert erreicht. Die augenblicklichen Werte sind die Projektionen der Vektoren auf den Zeitvektor. J_1 eilt also dem Vektor J_2 um den Winkel α voraus.

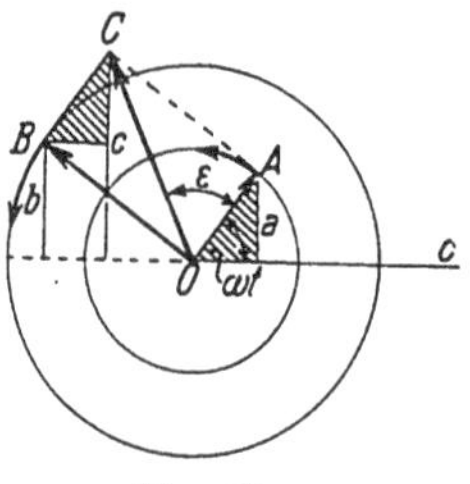

Fig. 22.

Ein besonderer Fall ist, wenn zwei Vektoren aufeinander senkrecht stehen, Fig. 22. — Vektor B eilt dem Vektor A um 90^0 vor. Aus den beiden schraffierten rechtwinkeligen Dreiecken ergibt sich für die Augenblickswerte

$$a + b = c$$

$$a = A \sin \omega t$$

$$b = B \sin \left(\omega t + \frac{\pi}{2}\right)$$

$$= B \cos \omega t$$

$$c = C \sin (\omega t + \varepsilon).$$

Daher ist

$$C \sin(\omega t + \varepsilon) = A \sin \omega t + B \cos \omega t \quad . \quad . \quad . \quad . \quad (1)$$

Außerdem

$$\frac{B}{A} = \operatorname{tg} \varepsilon \quad . \quad . \quad . \quad . \quad . \quad . \quad . \quad . \quad . \quad . \quad (2)$$

und

$$A^2 + B^2 = C^2 \quad . \quad . \quad . \quad . \quad . \quad . \quad . \quad . \quad . \quad (3)$$

Die Wichtigkeit dieser einfachen Beziehung soll an einem Beispiel gezeigt werden:

Wir kennen die Beziehung

$$E = R\,i + L\frac{d\,i}{d\,t}.$$

Es soll nun der Strom i ein Wechselstrom sein.

Dann ist

$$i = \bar{J} \sin \omega t$$

$$\frac{d\,i}{d\,t} = \omega \bar{J} \cos \omega t.$$

Setzen wir die Werte in obige Gleichung ein, so erhält man

$$E = R \cdot \bar{J} \sin \omega t + L \omega \bar{J} \cos \omega t.$$

Vergleichen wir die letzte Gleichung mit Gleichung (1), so ergeben sich folgende Beziehungen:

$$A = R \cdot \bar{J}$$

$$B = L \omega \bar{J}.$$

Ferner:

$$C = \sqrt{A^2 + B^2}$$

$$C = \sqrt{R^2 \bar{J}^2 + L^2 \omega^2 \bar{J}^2}$$

$$C = \bar{J} \sqrt{R^2 + \omega^2 L^2}.$$

C ist nichts anderes als der Vektor E

$$\bar{E} = \bar{J} \sqrt{R^2 + \omega^2 L^2}$$

und

$$\bar{J} = \frac{\bar{E}}{\sqrt{R^2 + \omega^2 L^2}}$$

oder beiderseits durch $\sqrt{2}$ dividiert

$$J = \frac{E}{\sqrt{R^2 + \omega^2 L^2}}.$$

Ist in einem Wechselstromkreise ein Wirkwiderstand R und ein induktiver Widerstand ωL eingeschaltet, so ergibt sich die effektive Stromstärke J nach vorstehender Formel

$$\operatorname{tg} \varepsilon = \frac{B}{A} = \frac{L\omega}{R}.$$

Da $\operatorname{tg} \varepsilon$ eine Zahl ist, müssen $L\omega$ und R gleichnamig sein. Daher muß $L\omega$ wie R als Widerstand aufzufassen sein. $L\omega$ nennt man den Blindwiderstand. Die physikalische Deutung dieser Formeln folgt in einem späteren Kapitel.

Aus der weiteren vergleichenden Betrachtung ergibt sich noch:

$$\bar{E} \cdot \sin(\omega t + \varepsilon) = R\bar{J} \sin \omega t + L\bar{J}\omega \cos \omega t.$$

Proteus Steinmetz hat im Jahre 1893 in der ETZ S. 597 eine Methode angegeben, nach der die Wechselstromgrößen nach dem Polarkoordinatensystem ausgedrückt werden.

Die Vektoren OA_1, OA, OA_2 geben die Richtung und Größe der Augenblickswerte an. Man kann sich leicht überzeugen, daß der Kreis über $\overline{OA}$ als geometrischer Ort der Endpunkte der Vektoren gedacht einer Sinuslinie entspricht, wenn man diese Vektoren als Lote der Winkel α aufträgt. Handelt es sich nur um Höchst- oder effektive Mittelwerte und um die Phase des betrachteten Wechselstromes sinoidaler Form, so kann man sich den Kreis wegdenken und den Vektor OA als Repräsentanten der Sinuslinie betrachten. Dem Vektor A ist der Punkt A zugeordnet. Diesem Punkte A kann man sich eine komplexe Zahl zugeordnet denken. Sie heißt

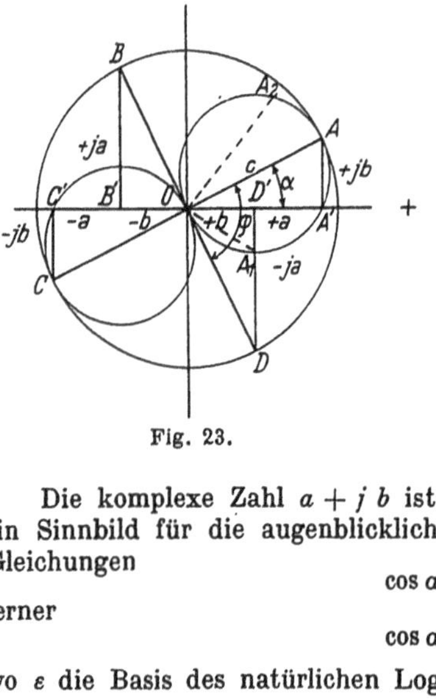

Fig. 23.

$$a + jb,$$

wenn

$$j = \sqrt{-1}.$$

Da nach Fig. 23

$$a = C \cos \alpha \quad \text{und}$$

$$b = C \sin \alpha,$$

kann man auch schreiben:

$$a + jb = C \cos \alpha + C j \sin \alpha$$

$$a + jb = C (\cos \alpha + j \sin \alpha).$$

Die komplexe Zahl $a + jb$ ist also das Sinnbild der sinoidalen Größe, z. B. ein Sinnbild für die augenblickliche Spannung e. — Da nach den Moivreschen Gleichungen

$$\cos \alpha + j \sin \alpha = \varepsilon^{j\alpha},$$

ferner

$$\cos \alpha - j \sin \alpha = \varepsilon^{-j\alpha},$$

wo ε die Basis des natürlichen Logarithmensystems bedeutet, so ist

$$a + jb = C \cdot \varepsilon^{j\alpha}.$$

Das heißt so viel, daß ich irgendeine sinoidale Größe durch den Ausdruck $C\varepsilon^{j\alpha}$ ausdrücken darf. Daher schreibt man auch

$$e = E\sqrt{2}\, \varepsilon^{j\omega t}.$$

e ist die augenblickliche sinoidale Größe, E der Effektivwert der Spannung, ωt der veränderliche Winkel. Wenn OD eine andere sinoidale Größe darstellt, die der vorigen um den Winkel φ nacheilt, so kann man z. B. schreiben:

$$i = J\sqrt{2}\,\varepsilon^{j(\omega t - \varphi)}.$$

Wenn man diesen Ausdruck verfolgt, so erhält man:

$$i = J\sqrt{2}\cdot\varepsilon^{j\omega t}\cdot\varepsilon^{-j\varphi}$$

$$i = J\sqrt{2}\,(\cos\omega t + j\sin\omega t)\cdot(\cos\varphi - j\sin\varphi)$$

$$i = J\sqrt{2}\,(\cos\omega t\cos\varphi + j\sin\omega t\cos\varphi - \cos\omega t\, j\sin\varphi + \sin\omega t\sin\varphi) \quad \text{oder}$$

$$i = J\sqrt{2}\,(\cos\omega t\cos\varphi + \sin\omega t\sin\varphi) + J\sqrt{2}\cdot(j\sin\omega t\cos\varphi - \cos\omega t\, j\sin\varphi).$$

Der Augenblickswert von i findet sich also durch die beiden Bestimmungsstücke in der wagrechten und senkrechten Achse als reeller und imaginärer Teil einer komplexen Zahl.

Multipliziert man $(a + jb)$ mit $j^2 = -1$, so erhält man $-a - jb$; dies entspricht nach Fig. 23 dem Zustande OC. Man hat den Vektor um 180^0 gedreht. Der Vektor OC eilt dem Vektor OA um 180^0 vor.

Multipliziert man hingegen $a + jb$ mit j, so erhält man $ja + bj^2 = ja - b$. Dieser Zustand entspricht dem Vektor $\overline{OB}$. Dieser Vektor eilt dem Vektor OA um 90^0 voraus.

Multipliziert $a + jb$ mit $-j$, so erhält man $-ja - j^2 b = b - ja$. Diesem Zustande entspricht der Vektor $\overline{OD}$. Dieser hinkt dem Vektor OA um 90^0 nach.

Die topographische Methode eignet sich besonders für Mehrphasensysteme, zur Bestimmung der Leistung, der Strom- und Spannungsverhältnisse.

Man zeichnet die Phasen (in Fig. 24 sind vier Phasen, vielmehr vier Leiter angenommen) so auf, daß die Strecken $\overline{AB}$, $\overline{BC}$, $\overline{CD}$ und DA die Potentialdifferenzen zwischen den Leitern AB — BC — CD

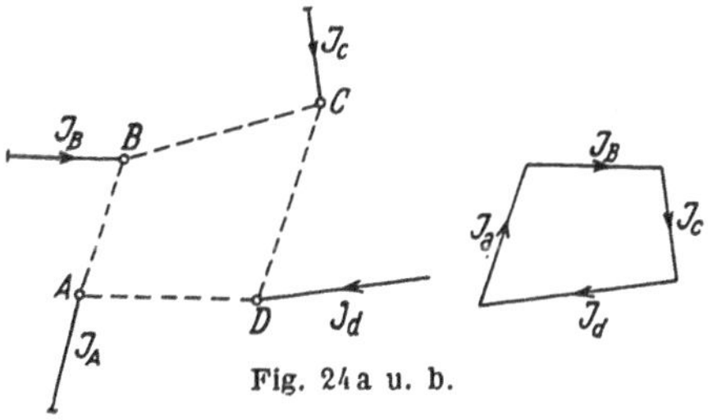

Fig. 24a u. b.

und DA der Größe und Richtung nach angeben. — Die Spurpunkte A, B, C, D kann man sich wohl als Spuren der 4 Leiter, die dort die Zeichenebene senkrecht durchdringen, denken, obgleich sich die Zeichnung keineswegs auf die räumliche Anordnung der Leiter bezieht, sondern, wie bereits gesagt, nur auf Größe und Richtung der herrschenden Potentialdifferenzen. Auch die zugeordneten Ströme sind ihrer Größe und Richtung nach eingetragen. Die Summe aller dieser Ströme muß nach dem Kirchhoffschen Gesetze Null sein.

III. Kapitel.

Wirk- und induktiver Widerstand im Wechselstromkreis, der Kondensator im Wechselstromkreis, Induktiver Widerstand und Kapazität in Nebeneinanderschaltung und Stromresonanz, induktiver Widerstand und Kapazität in Hintereinanderschaltung und Spannungsresonanz, verschiedene Schaltungen.

Sind in dem äußeren Stromkreis einer Wechselstrommaschine Glühlampen vom Gesamtwiderstande R eingeschaltet, so gilt wie bei Gleichstrom

$$J = \frac{E}{R}$$

und die Leistung

$$N = J^2 \cdot R,$$

wenn E und J die abgelesenen Effektivwerte bedeuten. Ganz anders wird die Sache, wenn außer den Glühlampen noch induktive Widerstände vorhanden sind, wie in Fig. 25 gezeichnet ist. — Ist in einem Augenblicke die Stromstärke i, so ist die augenblickliche Glühlampen-

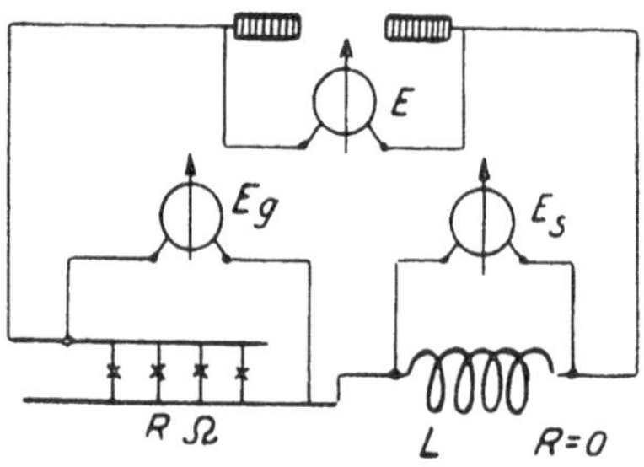

Fig. 25.

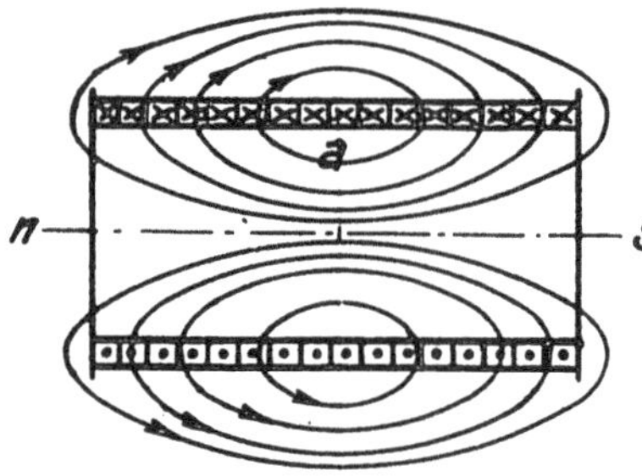

Fig. 26.

spannung $iR = e$. Ist $i = 0$, so ist die Glühlampenspannung ebenfalls Null. Strom und Glühlampenspannung haben gleiche Phase. Die Spule ist in Fig. 26 nochmals, und zwar im Schnitt gezeichnet.

Bei zunehmendem Strom entwickelt sich eine magnetische Welle, die, wie schon erwähnt, von a ausgeht und dabei die Windungen schneidet. Dadurch wird in den Windungen eine EMK erzeugt, die bei Entwicklung der Welle der aufgedrückten Spannung entgegenwirkt, aber beim Zusammenbruch des Feldes die gleiche Richtung wie der Strom hat. In dem Augenblick, wo die Welle steht, muß die EMK Null sein. — Die Spule ist eigentlich selbst eine Wechselstrommaschine. Die wechselstromdurchflossenen Windungen bilden die Magneterregung, weil sie das Wechselfeld erzeugen, die Windungen sind aber auch als Ankerwindungen aufzufassen, da sie von der stetig bewegten Welle geschnitten werden. — In Fig. 27 ist zuerst der Strom J gezeichnet worden. Das Feld Φ hat ungefähr dieselbe Phase wie der Strom J, ist also auch gleichphasig mit dem Strome J eingezeichnet worden. In dem Augenblick, wo das Feld Φ seinen Höchstwert erreicht hat, also einen Augenblick stillsteht, also $\frac{d\Phi}{dt} = 0$ wird, muß auch die in der Spule geweckte elektromotorische Kraft E_s Null sein. In der ersten Viertelperiode nimmt der Strom zu, also müssen die augenblicklichen Werte e_s der aufgedrückten Spannung entgegenwirken. Es sind daher die Werte unterhalb der Zeitachse aufzutragen. So ist die E_s-Kurve gezeichnet. Man sieht, daß diese Wechsel-Elektromotorische Kraft dem Strome um 90° nacheilt. Um diese Spannung zu überwinden, muß die Wechselstrommaschine eine Spannung liefern, die der Spannung E_s in jedem Augenblicke entgegenwirkt. Diese Maschinenspannung ist durch die Kurve E_{s1} ausgedrückt. Neben diesem Anteil muß die Maschine noch die Spannung E_g aufbringen, die zur Überwindung des Lampenwiderstandes gehört. Addiert man diese beiden Spannungen, so erhält man die nötige Maschinenspannung E. Aus der Fig. 24 ersieht man, daß die Maschinenspannung E und der Maschinenstrom J nicht gleiche Phase haben, sondern daß der Maschinenstrom der Maschinenspannung nachhinkt.

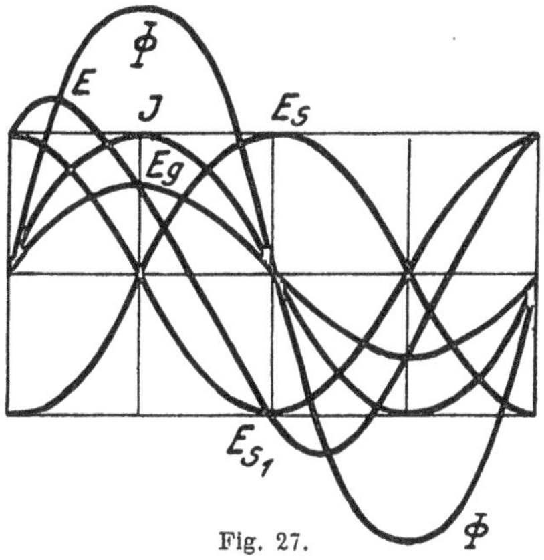

Fig. 27.

Besonders übersichtlich sind die Verhältnisse im Vektordiagramm (Fig. 28).

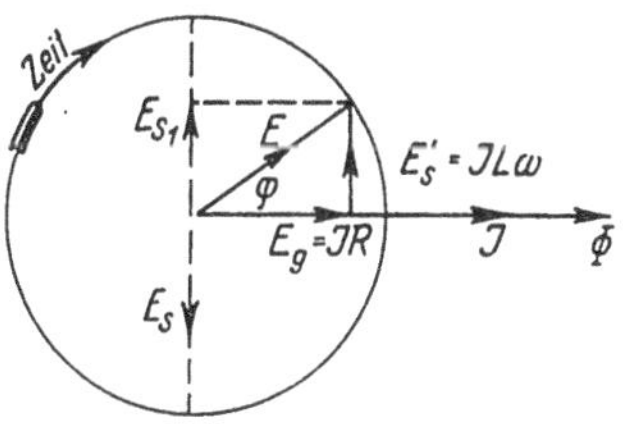

Fig. 28.

Glühlampenspannung, Strom und Feld haben gleiche Phase. Es ist $E_g = J \cdot R$.

Die elektromotorische Kraft der Selbstinduktion E_s hinkt dem Strome um 90° nach. Die Komponente E_{s1} der Maschinenspannung, die die EMK der Selbstinduktion E_s zu überwinden hat, eilt dem Strome J um 90° vor.

E_g und E_s ergeben zusammen die Maschinenspannung E, die dem Maschinenstrom um den Winkel φ voreilt. — Die EMK der Selbstinduktion, die auch Reaktanzspannung genannt wird, läßt sich leicht berechnen:

$$e_s = L \frac{di}{dt}$$

$$i = \bar{J} \cdot \sin \omega t$$

$$\frac{di}{dt} = \bar{J}\, \omega \cos \omega t.$$

Daher

$$e_s = L\, \bar{J}\, \omega \cos \omega t.$$

Die Formel sagt, daß e_s nach einer Cosinusfunktion verläuft, wenn der Strom zeitlich nach einer Sinusfunktion sich ändert, daß also zwischen Strom und Reaktanzspannung eine Phasendifferenz von 90° besteht. e_s wird zum Höchstwert, wenn $\cos \omega t = 1$ wird:

$$\bar{E}_s = \bar{J}\, L\, \omega.$$

Dividiert man beiderseits durch $\sqrt{2}$, so wird

$$E = J \cdot L\, \omega,$$

wo E und J die Effektivwerte bedeuten. — Drückt man auch die Spannung an den Glühlampen durch $E_g \cdot J$ aus, so wird nach Fig. 25 und dem pythagoreischen Lehrsatze

$$E^2 = J^2 R^2 + J^2 L^2 \omega^2$$

$$E^2 = J^2 (R^2 + L^2 \omega^2)$$

$$J = \frac{E}{\sqrt{R^2 + L^2 \omega^2}}.$$

Aus der Formel

$$E = J L \omega$$

ersieht man, daß man $L\omega$ als Widerstand auffassen kann, obgleich wir wissen, daß die Spule in Fig. 22 gar keinen Ohmschen Widerstand besitzt, daß die Spule vielmehr als Spannungserzeuger aufzufassen ist, der zeitweise gegen, zeitweise in der Richtung des Stromes arbeitet. Bezeichnet man nun R als Wirkwiderstand, der tatsächlich Energie verzehrt, so ist ωL als Blindwiderstand aufzufassen, der keine elektrische Energie aufnehmen kann, wie sich das später noch deutlicher zeigen wird.

Dividiert man die Katheten des rechtwinkeligen Dreiecks in Fig. 25 durch die Stromstärke J, so erhält man

$$R^2 + L^2 \omega^2 = W^2.$$

W nennt man den Wechselstromwiderstand des Stromkreises oder auch dessen Impedanz. Man ersieht auch, daß Wirk- und Blindwiderstand aufeinander senkrecht stehen.

Nach unserer Annahme in Fig. 22 kann Leistung nur in den Glühlampen verzehrt werden, da ja die Spule als widerstandslos angenommen wurde. Es ist daher die abgegebene Leistung der Wechselstrommaschine

$$N = J^2 \cdot R = J \cdot E_g.$$

Da aber E_g nach dem Bilde Fig. 25 $E \cos \varphi$ ist, so ist die Leistung

$$N = J \cdot E \cdot \cos \varphi.$$

$\cos \varphi$ nennt man den Leistungsfaktor. Er spielt in der Praxis eine große Rolle, wie dies aus späteren Beispielen noch ersichtlich werden wird.

Beispiel: Eine Spule von 20 cm Länge und 78,6 cm² Querschnitt ohne Eisenkern hat 16000 Windungen. Die mittlere Länge der Spule ist 0,47 m, die Gesamtlänge 7500 m, der Widerstand im erwärmten Zustande 760 Ω. — Der Selbstinduktionskoeffizient

$$L = \frac{0{,}4\,\pi\, w^2}{\frac{l}{f}} \cdot 10^{-8} \text{ Henry}$$

$$L = \frac{0{,}4\,\pi \cdot 16000^2}{\frac{20}{78{,}6}} \cdot 10^{-8} = 1{,}26 \text{ H}.$$

Wir drücken nun dieser Spule eine Wechselstromspannung von 1000 Volt auf. Die Frequenz $f = 50$. Der Blindwiderstand ωL der Spule ist $\omega L = 2\pi f \cdot L = 2 \cdot \pi \cdot 50 \cdot 1{,}26 = 396\,\Omega$. Dann ist der Wechselstromwiderstand

$$W = \sqrt{760^2 + 396^2} = 855\,\Omega$$

$$\operatorname{tg} \varphi = \frac{396}{760} = 0{,}521$$

$$\sphericalangle\, \varphi = 27^0\, 30'.$$

Die Ausgleichstromstärke

$$J = \frac{1000}{855} = 1{,}17 \text{ A}.$$

Die im Ohmschen Widerstand der Spule in Wärme umgewandelte Leistung

$$N = J^2 \cdot R = 1{,}17^2 \cdot 760 = 1040 \text{ Watt}$$

oder auch

$$N = E \cdot J \cdot \cos \varphi = 1000 \cdot 1{,}17 \cdot 0{,}887 = 1040 \text{ Watt}.$$

Die Spannung zur Überwindung des Ohmschen Widerstandes der Spule

$$E_g = 1{,}17 \cdot 760 = 890 \text{ V}.$$

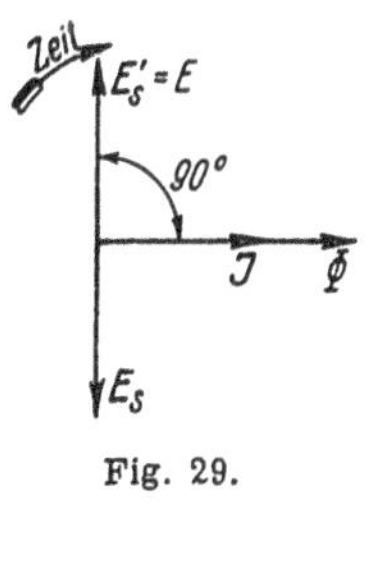

Fig. 29.

Die Reaktanzspannung

$$E_s = 1{,}17 \cdot 396 = 463 \text{ V}.$$

Wenn in der Schaltung Fig. 25 der Ohmsche Widerstand so klein ist, daß man ihn vernachlässigen kann, so erhält man folgendes Bild:

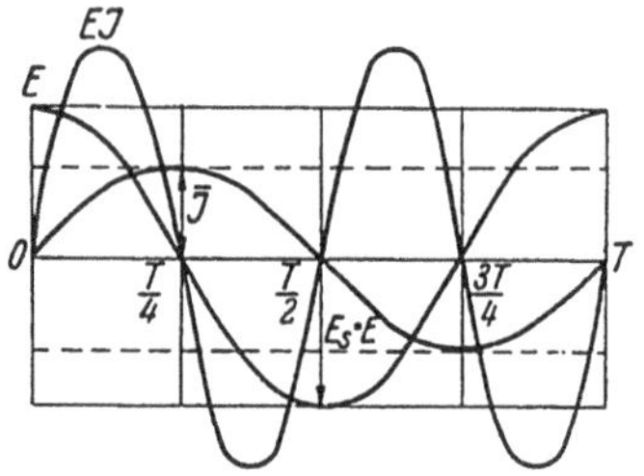

Fig. 30.

Es ist selbstverständlich, daß dann die Leistung Null sein muß, da ja kein Wirkwiderstand vorhanden ist. Das ergibt auch die Formel:

$$N = E \cdot J \cdot \cos \varphi$$

$$E \cdot J \cdot \cos 90^0 = 0.$$

Trotzdem die Meßgeräte am Schaltbrett der Maschine Spannung und Strom angeben, ist die abgegebene Leistung Null. Das erhellt noch aus der Fig. 30.

Hier ist die Maschinenspannung und der Maschinenstrom gezeichnet worden. Es ist klar, daß zur Zeit $0, \frac{T}{4}, \frac{T}{2}, \frac{3T}{4}$ und T die augenblicklichen Leistungen Null sein müssen, da dort entweder die Stromstärken oder die Spannungen Null sind. Haben die augenblickliche Maschinenspannung und Maschinenstrom gleiche Richtung, so arbeitet die Maschine als Generator und gibt Leistung ab, haben hingegen augenblickliche Maschinenspannung und Maschinenstrom entgegengesetzte Richtung, so arbeitet die Maschine als Motor und empfängt vom Netze Leistung. — Die erstere wollen wir über der Zeitachse, letztere unter der Zeitachse aufzeichnen. — Aus Fig. 30 ersehen wir also, daß in der ersten Viertelperiode die Maschine als Generator arbeitet und jene elektrische Arbeit abgibt, die zur Bildung des Feldes nötig ist. In der zweiten Viertelperiode gibt die Spule an die Maschine dieselbe Arbeit wieder zurück. Dasselbe wiederholt sich während der zweiten Halbperiode. Die von der Maschine abgegebene Arbeit während einer Periode ist Null. — Daher verzehrt der Blindwiderstand keine Energie, er ist eben nur ein scheinbarer Widerstand.

Wir haben gezeigt, daß bei induktiver Belastung der Maschinenstrom der Maschinenspannung um den Winkel φ nacheilt. Wir wollen auch diesen Fall nach der ursprünglichen Art aufzeichnen.

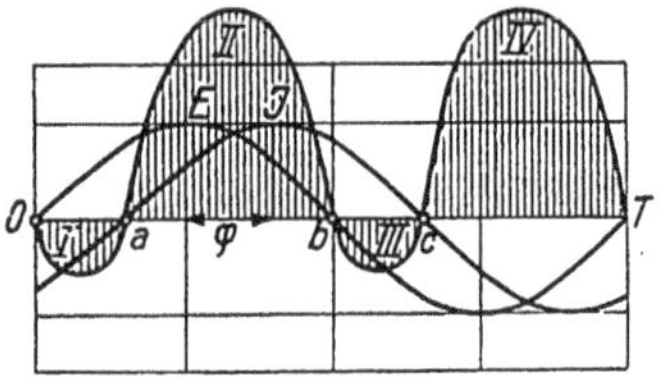

Fig. 31.

Wieder muß die Leistung der Maschine in den Zeitpunkten o, a, b, c und T Null sein. Die Leistungen zwischen oa und bc sind negativ, die Leistungen zwischen ab

und cT positiv. Dort empfängt die Maschine Arbeit, hier gibt sie Arbeit ab. — Die Arbeiten sind die schraffierten Flächen. Die in einer Periode abgegebene Arbeit

$$\mathfrak{A} = [\text{Fläche II} + \text{IV}] - [\text{Fläche I} + \text{III}].$$

Daher ist die mittlere Leistung

$$N = E \cdot J \cdot \cos\varphi = \frac{[\text{II} + \text{IV}] - [\text{I} + \text{III}]}{T}.$$

Die Leistung kann von einem mit Gleichstrom geeichten Wattmeter unmittelbar gemessen werden.

Das Wattmeter ist ein dynamometrisches Meßgerät. Durch die feste Spule AB fließt der durch den Verbrauchsapparat fließende Strom J. Durch die bewegliche Spule AC fließt der sehr kleine Strom J_n, der nach dem Ohmschen Gesetz $J_n = \frac{E}{R_n + R_i}$ der Spannung E proportional ist. Der beweglichen Spule, die selbst einen großen Widerstand besitzt, ist noch ein induktionsloser Widerstand R_n vorgeschaltet. Nun ist das auf die bewegliche Spule ausgeübte Drehmoment

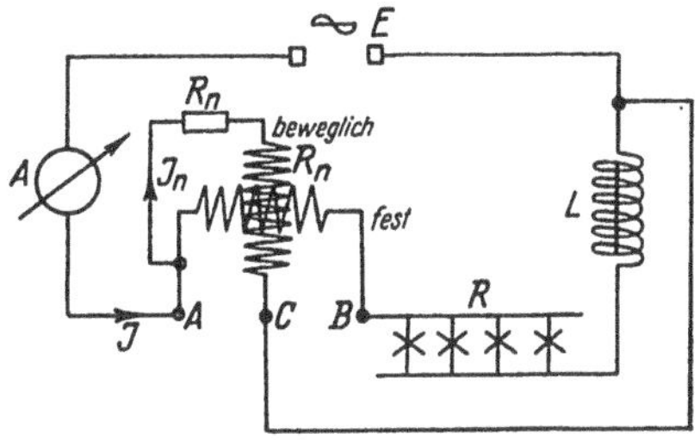

Fig. 32.

$$\mathfrak{M} = C_1 \cdot J \cdot J_n$$

oder

$$\mathfrak{M} = C_1 \cdot J \frac{E}{R_n + R_i}.$$

Diesem Moment hält die Feder das Gleichgewicht, deren Moment dem Verdrehungswinkel proportional ist

$$\mathfrak{M}_d = C_2\, a.$$

Im Gleichgewichtszustand ist

$$C_2\, a = C_1\, J \frac{E}{R_n + R_i}$$

$$C_2 \cdot a = C_3 \cdot J \cdot E$$

$$C_2 \cdot a = C_3 \cdot N$$

$$a = \frac{C_3}{C_2} \cdot N$$

$$a = C \cdot N.$$

Die Leistung ist also dem Ausschlag a proportional. — Die Konstante läßt sich durch Versuche feststellen. — Wenn nun die Klemmenspannung eine Wechselstromspannung von sehr geringer Frequenz wäre, so würde der Zeiger des Wattmeters die augenblicklichen Leistungen angeben.

Verfolgen wir nun den Zeigerausschlag in Fig. 33 nach Fig. 30. Während der Zeit $o\,a$ schlägt der Zeiger von o nach q und dann von q nach o aus. Während der Zeit ab geht der Zeiger von o nach p und wieder nach o zurück. In der Zeit $b\,e$ schwingt der Zeiger von o nach q aus und wieder nach o zurück, um während der Zeit $c\,T$ wieder von o nach p und von p nach o zu schwingen. Wenn aber in einer Sekunde fünfzig solcher Spiele stattfinden, muß sich der Zeiger auf einen Mittelwert einstellen, der die wahre Leistung angibt

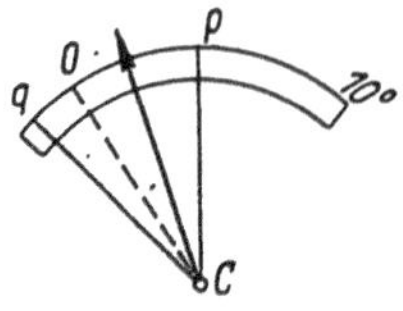

Fig. 33.

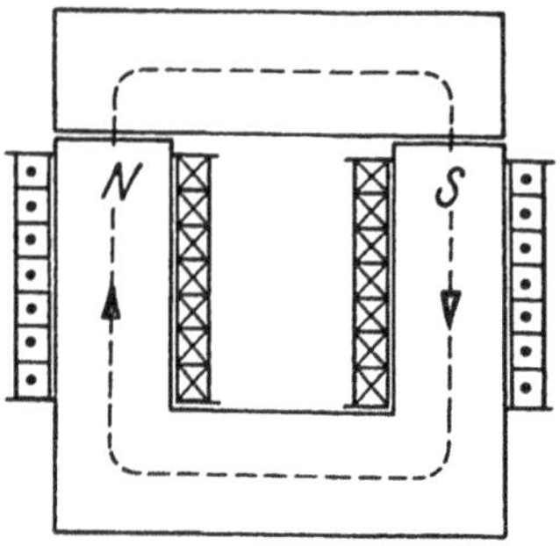

Fig. 34.

$$a_m = \frac{a_1 + a_2 + \ldots\ldots a_n}{n}.$$

Beispiel. Es sei nach Fig. 29 die Wechselstromspannung 200 Volt, die beobachtete Stromstärke 10 Ampere, die am Wattmeter abgelesene Leistung 1600 Watt.

$$N = E \cdot J \cdot \cos\varphi$$

$$\cos\varphi = \frac{N}{E \cdot J}$$

$$\cos\varphi = \frac{1600}{200 \cdot 10} = 0{,}8.$$

Dann ist nach Fig. 25

$$E\,g = E \cdot \cos\varphi = 200 \cdot 0{,}8 = 160 \text{ Volt}$$

und

$$E\,s = E \cdot \sin\varphi = 200 \cdot 0{,}6 = 120 \text{ Volt.}$$

Der Wirkwiderstand

$$R = \frac{E\,g}{J} = \frac{160}{10} = 16\ \Omega$$

und der Blindwiderstand

$$L\,\omega = \frac{E\,s}{J} = \frac{120}{10} = 12\ \Omega;$$

der totale Wechselstromwiderstand

$$W = \sqrt{R^2 + \omega^2 L^2} = \sqrt{16^2 + 12^2} = \frac{E}{J} = \frac{200}{10} = 20\ \Omega.$$

Beispiel. Eine Drosselspule mit Eisenkern und oberem abhebbarem Joch ist mit zwei hintereinandergeschalteten Spulen bewickelt. Diese beiden Spulen sind so miteinander verbunden, daß in einem gedachten Augenblicke die in der Abbildung angedeuteten Stromrichtungen vorhanden sind. Im anderen Falle würden sich die magnetischen Wirkungen der beiden Spulen aufheben. Drückt man nun der Spule eine Wechselstromspannung auf, so wird durch dieselbe ein Wechselstrom fließen, dieser Wechselstrom erzeugt ein Wechselfeld, dessen Höchstwert Φ sei. Ist der Wechselstrom von sinoidaler Form, so wird bei Vernachlässigung der

Kupfer- und Eisenverluste auch das Feld eine sinoidale Form besitzen. Strom und Feld haben für die gemachten Voraussetzungen gleiche Phase und beide hinken der aufgedrückten Spannung um 90° nach. — Der augenblickliche Strom

$$i = \bar{J} \cdot \sin \omega t$$

und der augenblickliche Fluß

$$\varphi = \bar{\Phi} \cdot \sin \omega t,$$

das Wechselfeld φ schneidet die eigenen Windungen und erzeugt dort eine EMK der Selbstinduktion e_s, die durch die Maxwellsche Formel

$$e_s = -\frac{d\varphi}{dt} w \cdot 10^{-8}\,\mathrm{V}$$

gegeben ist. — Diese augenblickliche Spannung muß der augenblicklichen aufgedrückten Spannung das Gleichgewicht halten. Beide stehen in jedem Augenblicke in Gegenphase.

Nun ist

$$\varphi = \frac{0{,}4\,\pi\,\bar{J}\,w}{\mathfrak{W}} \sin \omega t$$

und

$$\frac{d\varphi}{dt} = \frac{0{,}4\,\pi\,\bar{J}\,w}{\mathfrak{W}}\,\omega \cos \omega t.$$

Es ist also

$$e_s = -\frac{0{,}4\,\pi\,\bar{J}\,w}{\mathfrak{W}}\,\omega \cdot w \cdot 10^{-8} \cdot \cos \omega t\ \mathrm{V}$$

$$e_s = -\bar{\Phi} \cdot \omega \cdot w \cdot \cos \omega t \cdot 10^{-8}\ \mathrm{V}.$$

Der Höchstwert dieser EMK tritt ein, wenn

$$\cos \omega t = 1$$

$$\bar{E}_s = -\bar{\Phi} \cdot \omega \cdot w \cdot 10^{-8}\ \mathrm{V}.$$

Beiderseits durch $\sqrt{2}$ dividiert ergibt die effektive EMK, die in der Spule erzeugt wird

$$E_s = -\frac{\omega}{\sqrt{2}} \bar{\Phi} \cdot w \cdot 10^{-8}\ \mathrm{V}.$$

Der Effektivwert der aufzudrückenden Spannung ist ebenso groß, nur von entgegengesetzter Phase. Es ist somit

$$E = \frac{\omega}{\sqrt{2}} \bar{\Phi} \cdot w \cdot 10^{-8}\ \mathrm{V}$$ [1]).

Lassen wir nun in den beiden Säulen und in den Jochen eine Höchstinduktion von $\mathfrak{B}$ Gauß zu, sind ferner Säulen- und Jochquerschnitte einander gleich und halten die Größe von F cm², sind weiters die beiden Luftspalte zusammen $2\,\vartheta$ cm, so ist der magnetische Höchstfluß

$$\bar{\Phi} = \bar{\mathfrak{B}} \cdot F = \frac{0{,}4\,\pi\,\bar{J}\,w}{\mathfrak{W}}\ \text{Maxwell}.$$

---

[1]) Setzt man in dieser Gleichung für $\omega = 2\,\pi \cdot f$, so wird

$$E = \frac{2\,\pi}{\sqrt{2}} \cdot \bar{\Phi} \cdot f \cdot w \cdot 10^{-8}\ \mathrm{V}$$

oder

$$E = 4{,}44\,\bar{\Phi} \cdot f \cdot w \cdot 10^{-8}\ \mathrm{V}$$

die Grundgleichung der Wechselspannungen.

Da $\mathfrak{W} = \frac{l}{\mu F}$ bei Vernachlässigung des magnetischen Widerstandes des Eisens $\frac{2\vartheta}{F}$ ist, wird

$$\overline{\Phi} = \overline{\mathfrak{B}} \cdot F = \frac{0{,}4\,\pi\,\overline{J}\,w}{2\,\vartheta} \cdot F.$$

Es wird somit

$$E = \frac{\omega}{\sqrt{2}} \cdot \frac{0{,}4\,\pi\,\overline{J} \cdot w^2}{2\,\vartheta} \cdot F \cdot 10^{-8}\ \mathrm{V}$$

oder

$$E = \frac{\overline{J}\,\omega}{\sqrt{2}} \cdot \frac{0{,}4\,\pi\,w^2 \cdot F}{2\,\vartheta \cdot 10^8}\ \mathrm{V}$$

oder

$$E = J\,\omega\,\frac{0{,}4\,\pi\,w^2 \cdot F}{2\,\vartheta \cdot 10^8}\ \mathrm{V}.$$

Der Bruch ist der Selbstinduktionskoeffizient L der Drosselspule.

Wir haben in diesem Beispiele den magnetischen Widerstand des Eisens vernachlässigt, was in vielen Fällen nicht statthaft ist. Aber auch die Streuung müßte noch berücksichtigt werden, denn nicht der gesamte magnetische Fluß ist mit allen Windungen gekoppelt. Um den magnetischen Widerstand zu berücksichtigen, werden wir den Nenner des Bruches der letzten Formel mit einem Zahlenfaktor a multiplizieren müssen. Dieser Zahlenfaktor a ist nun das Verhältnis des wirklichen gesamten magnetischen Widerstandes zum magnetischen Widerstand des Luftspaltes, also eine Zahl, die größer als Eins sein muß.

Die Streuung werden wir so berücksichtigen, daß wir von Haus aus einen größeren Fluß in Rechnung ziehen, so daß wir dann den erst gedachten Fluß mit allen Windungen gekoppelt annehmen dürfen. Im Zähler des Bruches erscheint dann noch der Hopkinsonsche Streufaktor $s > 1$. — Es ist schließlich der Selbstinduktionskoeffizient L der Spule durch folgende Formel gegeben:

$$L = \frac{0{,}4\,\pi\,w^2 \cdot F \cdot s}{2\,\vartheta \cdot a \cdot 10^8}\ \mathrm{H}.$$

Es sei nun der Eisenquerschnitt $F = 17{,}6\ \mathrm{cm}^2$, die Höchstinduktion $\overline{\mathfrak{B}}$ mit 10000 Gauß gewählt worden. Die Windungszahl $w = 154$. Zwischen den Säulen und abhebbaren Joch sei ein Karton von 0,14 cm Stärke eingepaßt, der mittlere Kraftlinienweg im Eisen betrage 36 cm. Welche Spannung von einer Frequenz $f = 50$ muß man an die Drosselspule legen, damit diese einen Strom von 10 Ampere durchläßt? Der Wirkwiderstand der Spule ist so gering, daß man ihn vernachlässigen kann.

Vorerst bestimmen wir den Zahlenfaktor a. Die für die beiden Luftspalte nötigen Amperewindungen

$$X_l = 0{,}8 \cdot \overline{\mathfrak{B}} \cdot 2\,\vartheta$$

$$X_l = 0{,}8 \cdot 10000 \cdot 2 \cdot 1{,}4$$

$$X_l = 2240.$$

Zur Überwindung des Eisenwiderstandes sind

$$3 \times 36 = 108$$

Amperewindungen nötig, da nach Tabelle bei einer Induktion $\overline{\mathfrak{B}} = 10000$ für 1 cm des Weges 3 AW nötig sind. Insgesamt sind

$$2240 + 108 = 2348$$

Windungen nötig, so daß

$$a = \frac{2348}{2240} = 1{,}05.$$

Die Streuung berücksichtigen wir schätzungsweise mit 1,2, so daß der Selbstinduktionskoeffizient der Spule

$$L = \frac{0{,}4 \cdot 3{,}14 \cdot 154^2 \cdot 17{,}6 \cdot 1{,}2}{2 \cdot 0{,}14 \cdot 10^8 \cdot 1{,}05}$$

$$L = 0{,}0214 \text{ H}.$$

Es ist somit die aufzudrückende Spannung

$$E = J \cdot \omega L$$

$$E = 10 \cdot 2 \cdot 3{,}14 \cdot 50 \cdot 0{,}0214$$

$$E = 67{,}5 \text{ Volt}.$$

Bedenkt man, daß der kleine Wirkwiderstand der Wicklung doch einen geringen Teil der aufgedrückten Spannung verzehren wird, bedenkt man weiters, daß die Eisenverluste durch einen Wattstrom zu decken sind, so werden zur Felderzeugung nicht 10 Ampere, sondern weniger in Betracht kommen. Die 10 Ampere müssen als Hypotenuse eines rechtwinkeligen Dreieckes betrachtet werden, dessen eine Kathete mit dem Vektor des Feldes Φ zusammenfällt, während die andere Kathete dieselbe Phase wie die aufgedrückte Spannung besitzt. Dadurch wird die aufzudrückende Spannung kleiner sein als 67,5 Volt.

Man kann dieser Sache nachgehen. Das Gewicht des Eisenkerns beträgt ungefähr 5 kg. Bei einer Höchstinduktion von 10000 Gauß sind die Wattverluste für 1 kg Blech von 0,5 mm Stärke 2,5 Watt. So sind die gesamten Eisenverluste

$$2{,}5 \times 5 = 12{,}5 \text{ Watt},$$

so daß die Stromkomponente, die mit der Spannung gleiche Phase haben wird, ungefähr

$$\frac{12{,}5}{65} = 0{,}193 \text{ Amp.}$$

betragen wird. — Dadurch wird die zweite Kathete sich nur geringfügig von der Hypotenuse unterscheiden, so daß die aufzudrückende Spannung etwa 67 Volt sein wird.

Der Kondensator im Wechselstromkreis.

Es ist eine Wechselstromspannung gegeben. An die Klemmen haben wir einen Kondensator gelegt, der die Kapazität C besitzt. Die aufgedrückte Spannung E ist in Fig. 31 b gezeichnet. Wenn wir an das in der Einleitung behandelte Modell denken, so ist der Vorgang folgender. Unter dem Drucke der Spannung rollen die Friktionswirbel (Fig. 35 c) nach vorwärts, solange es der elastische Widerstand zuläßt. — In der Zeit der ersten Viertelperiode werden also die Wirbel (wir betrachten nur einen solchen Wirbel) von ihrer Ruhelage a bis

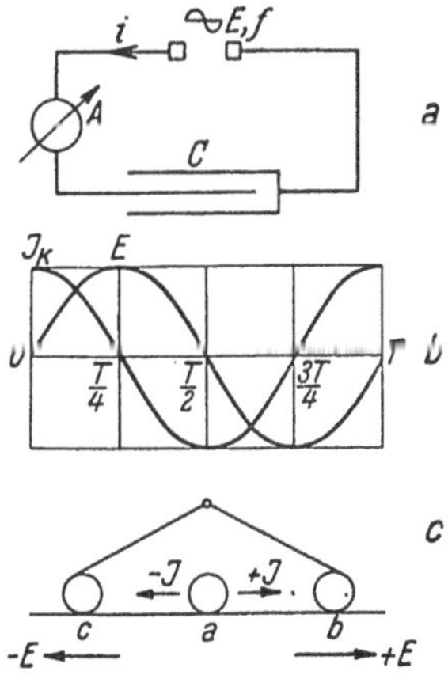

Fig. 35.

nach b rollen. In diesem Augenblick hat die Spannung ihren Höchstwert erreicht, und die Wirbel stehen still, da der elektrische Druck und der elastische Widerstand des Wirbels sich das Gleichgewicht halten. Da wir die Wirbelbewegung als Stromverschiebung auffassen, ist also in diesem Augenblicke die Stromstärke Null. Die Spannung hat im zweiten Viertel der Periode noch dieselbe Richtung, aber ihre Größe nimmt ab. Daher überwiegt die elastische Spannung und zieht den Wirbel in seine Ruhelage zurück, so daß in dieser Zeit aufgedrückte Spannung und Strom entgegengesetzte Richtung haben. Am Ende dieser Periode, also nach der Zeit $\frac{T}{2}$ ist die Spannung Null geworden, und die Wirbel sausen mit größter Geschwindigkeit durch die Gleichgewichtslage a hindurch. Dort hat also die Stromstärke den größten Wert. Jetzt wiederholt sich das Spiel: Die Spannung wechselt ihre Richtung, drückt die Wirbel nach links, bis diese nach c gekommen sind usf.[1]). Betrachtet man so das Bild 31 b, so erkennt man, daß der Kapazitätsstrom der Maschinenspannung um 90° voreilen muß. Die Spannung am Kondensator E_K ist der aufgedrückten Spannung E ent- gegengesetzt gerichtet. Dies zeigt am besten Fig. 36.

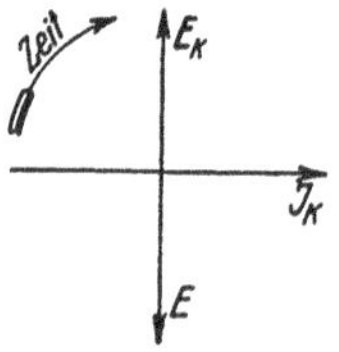

Fig. 36.

Der Vergleich der Fig. 36 mit Fig. 29 ergibt, daß man die Kapazität als eine negative Selbstinduktion betrachten kann. Die Rechnung ergibt dasselbe Resultat: In irgendeiner Zeit t ist

$$dQ = C \cdot de$$
$$dQ = i \cdot dt$$
$$\overline{}$$
$$C \cdot de = i \cdot dt.$$

Nun ist die aufgedrückte Klemmenspannung

$$e = \overline{E} \cdot \sin \omega t$$
$$\frac{de}{dt} = \overline{E} \cdot \omega \cdot \cos \omega t$$
$$de = E \cdot \omega \cdot \cos \omega t \cdot dt.$$

Es ist somit

$$C \cdot \overline{E} \cdot \omega \cdot \cos \omega t \cdot dt = i \cdot dt$$
$$i = C \cdot \overline{E} \cdot \omega \cdot \cos \omega t.$$

i wird ein Höchstwert, wenn $\cos \omega t$ Eins wird

$$\overline{J} = C\overline{E} \cdot \omega.$$

[1]) Das Spiel ist fast wesensgleich mit dem Spiel eines Pendels. Immer wird statische in kinetische und dann wieder kinetische in statische Energie verwandelt.

Beiderseits durch $\sqrt{2}$ dividiert, ergibt die Effektivwerte:

$$J = E \cdot \omega C$$

$$J = \frac{E}{\frac{1}{\omega C}}.$$

Will man die Kapazität in Mikrofarad ausdrücken, so erhält man

$$J = \frac{E}{\frac{10^6}{\omega \cdot C}} \text{ Ampere.}$$

Die von der Maschine abgegebene Leistung ist selbstverständlich Null, da Maschinenspannung und Maschinenstrom einen rechten Winkel einschließen. Diese Erkenntnis ergibt sich schon aus dem Vergleich mit dem Pendel. Die aufgedrückte Wechselstromspannung zwingt eben den Friktionswirbeln ihre eigene Schwingung auf. Die Schwingung der Friktionswirbel ist eben eine erzwungene Schwingung. — Wie wir später sehen werden, kann diesen Wirbeln Gelegenheit gegeben werden, frei zu schwingen, d. h. so zu schwingen, wie eine angeschlagene Klavierseite schwingt, wenn sie sich selbst überlassen ist.

Induktiver Widerstand und Kapazität in Parallelschaltung.

Nach Fig. 37 sind die beiden parallelen Stromkreise voneinander vollkommen unabhängig. — Wir können sie auch getrennt behandeln. Der Induktive ist an die Spannung E angeschlossen. Fig. 38a gibt das bekannte Spannungsbild. Der kapazitive Stromkreis ist an dieselbe

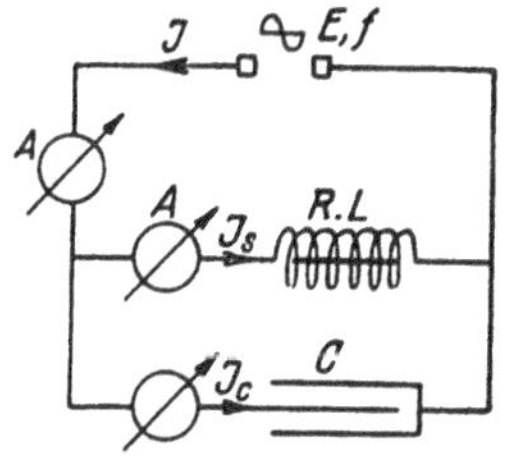

Fig. 37.

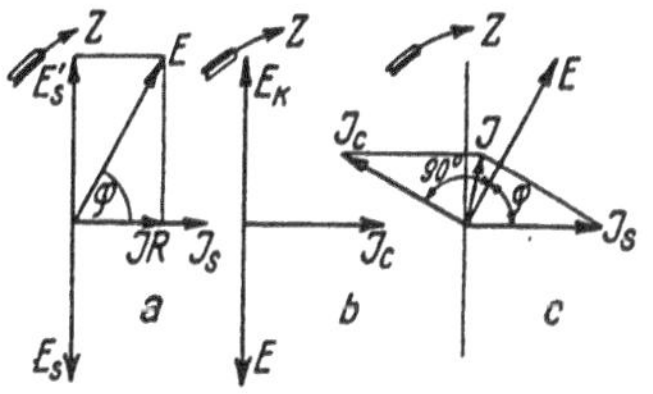

Fig. 38.

Spannung angeschlossen, und Fig. 38b zeigt das zugehörige Bild. In den beiden Bildern sind die Spannungen, mit E bezeichnet, identisch. Wir haben in Fig. 38c beide Bilder so zusammengelegt, daß sich die beiden Spannungen E decken und der Teilvektor denselben Drehsinn zeigt. Es geht aus der Figur hervor, daß der resultierende Strom J kleiner sein wird, als einer der Teilströme J_s oder J_C. — Nach dem Parallelogramm ergibt sich

$$J = \sqrt{J_C^2 + J_s^2 + 2\,J_s \cdot J_C \cdot \cos(90 + \varphi)},$$

da $\cos(90 + \varphi) = -\sin\varphi$ wird

$$J = \sqrt{J_C^2 + J_s^2 - 2\,J_C \cdot J_s \cdot \sin\varphi.}$$

Es ist:

$$J_s^2 = \frac{E^2}{R^2 + \omega^2 L^2}, \qquad J_C^2 = \frac{E^2}{\frac{1}{\omega^2 \cdot C^2}}$$

$$\sin\varphi = \frac{\omega L}{\sqrt{R^2 + \omega^2 L^2}}.$$

Setzt man diese Werte in die erste Gleichung ein, so erhält man:

$$J = \sqrt{E^2 \omega^2 C^2 + \frac{E^2}{R^2 + \omega^2 L^2} - 2\frac{E}{\sqrt{R^2 + \omega^2 L^2}} \cdot E\,\omega\,C \cdot \frac{\omega L}{\sqrt{R^2 + \omega^2 L^2}}}$$

$$J = E\sqrt{\frac{1 - 2\,\omega^2 C L + \omega^4 C^2 L^2 + \omega^2 C^2 R^2}{R^2 + \omega^2 L^2}}$$

$$J = E\sqrt{\frac{(1 - \omega^2 C L)^2 + \omega^2 C^2 R^2}{R^2 + \omega^2 L^2}} \quad \text{oder}$$

$$J = \frac{E}{\sqrt{\frac{R^2 + \omega^2 L^2}{(1 - \omega^2 C L)^2 + \omega^2 C^2 R^2}}}.$$

Der Nenner des letzten Bruches stellt den Ersatzwiderstand der beiden parallelen Stromkreise vor. Man braucht nur C Null setzen, d. h. den kapazitiven Stromkreis weglassen, so wird

$$J = \frac{E}{\sqrt{R^2 + \omega^2 L^2}}.$$

Läßt man hingegen den induktiven Stromkreis weg, setzt also

$$L = 0 \text{ und } R = \infty,$$

so erhält man nach längerer Rechnung

$$J = \frac{E}{\frac{1}{\omega C}}.$$

Ist der Wirkwiderstand R so gering, daß man ihn vernachlässigen könnte, so wird

$$J = \frac{E}{\sqrt{\frac{\omega^2 L^2}{(1 - \omega^2 C L)}}}.$$

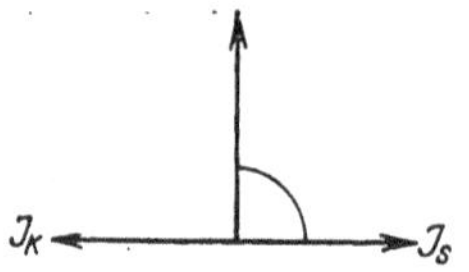

Fig. 39.

Das zugehörige Bild zeigt Fig. 39.

J_s und J_C haben jetzt eine Phasenverschiebung von 180°, sie sind in Gegenphase oder Opposition. — Es wird jetzt auch

$$J = J_s - J_C.$$

Nun ist es theoretisch möglich, die Frequenz so zu wählen, daß J_s und J_C gleich groß werden, also J den Wert Null erhält.

Nach der obigen Formel muß dann der Nenner unendlich groß, also

$$1 - \omega^2 \, C \, L \text{ Null}$$

werden.

$$1 - \omega^2 \, C \, L = 0$$

$$\omega^2 \, C \, L = 1$$

$$\omega^2 = \frac{1}{C \cdot L}$$

$$\omega = \sqrt{\frac{1}{C \cdot L}}.$$

Da $\omega = 2 \pi f$, wird

$$2 \pi f = \sqrt{\frac{1}{C \cdot L}}$$

$$f = \frac{1}{2 \pi} \sqrt{\frac{1}{C \cdot L}}.$$

Bei dieser Frequenz wird nun der resultierende Strom Null; in Wirklichkeit aber wird er einen Niedrigstwert annehmen, da man ja den Wirkwiderstand wohl gering, aber nie Null machen kann. Die Stromstärken J_s und J_C werden immer größer. Man spricht von einer Stromresonanz.

Dazu wollen wir noch folgendes bemerken: Es kann also bei der Schaltung nach Fig. 37 vorkommen, daß $J_s = 60$ Ampere, J_C ebenfalls angenähert 60 Ampere und der Maschinenstrom J vielleicht nur 1 Ampere zeigt. — Im ersten Augenblick ist das vielleicht sonderbar, bei einigem Nachdenken hingegen selbstverständlich.

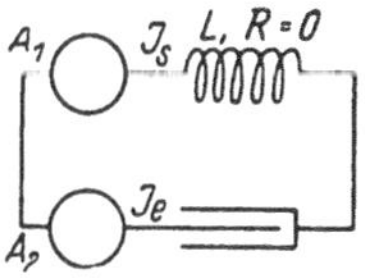

Fig. 40.

Da theoretisch J Null ist, kann man sich jetzt die Maschine samt Zuleitungen einfach wegdenken, und man erhält so einen Schwingungs- kreis nach Fig. 40.

Der Kondensator entlädt sich durch die Spule. Dadurch entsteht in der Spule ein Feld und durch die Kraftlinienschnitte eine EMK der Selbstinduktion $E_s = L \frac{d\,i}{d\,t}$. Diese Spannung lädt wieder den Kondensator auf, und so geht es in alle Unendlichkeit. Denn ist der Widerstand $R = 0$, so kann keine Energie verzehrt werden. Die Schwingung ist eine ungedämpfte Schwingung. Da aber in Wirklichkeit immer ein

Widerstand R vorhanden sein muß, wird im Wirkwiderstand R Energie verzehrt, die Schwingungen werden immer schwächer, sie klingen ab, die Schwingung ist eine gedämpfte.

Bleibt aber die Spannung E, so werden die Schwingungen immer heftiger, es treten dann die gefährlichen Erscheinungen der Stromresonanz ein. — Das ist so: Ein Schwingungskreis hat eine ganz bestimmte Eigenschwingung, eine Eigenfrequenz. Diese Eigenfrequenz ist durch die letzte obige Formel gegeben:

$$f = \frac{1}{2\pi}\sqrt{\frac{1}{C \cdot L}}.$$

Da $f = \frac{1}{T}$, so ist auch die Zeit einer Eigenschwingung

$$T = 2\pi\sqrt{\frac{L}{\frac{1}{C}}}.$$

Diese Formel erinnert deutlich an die Schwingungsdauer eines physikalischen Pendels. L ist dann das Trägheitsmoment der schwingenden Masse, $\frac{1}{C}$ die sog. Direktionskraft[1]).

---

[1]) Die volle Schwingungsdauer T eines mathematischen Pendels ist

$$T = \frac{2}{\pi}\sqrt{\frac{l}{g}}.$$

Nach der Fig. 41 ist $\frac{A\,B}{B\,C} = \sin\varphi$, und, wenn der Winkel φ klein genug ist, $\frac{A\,B}{l} = \varphi$. Das zurückführende Moment

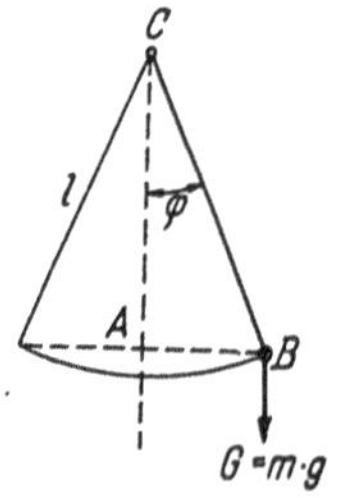

Fig. 41.

$$\mathfrak{M} = G \cdot AB$$

oder

$$\mathfrak{M} = m \cdot g \cdot l \cdot \sin\varphi.$$

Da $m\,g\,l$ konstant ist, so ist das veränderliche zurückführende Moment $\mathfrak{M}$ dem Winkel φ proportional. Das unveränderliche Produkt $m\,g\,l$ heißt man nun die Di- rektionskraft.

Wir werden Zähler und Nenner unter der Wurzel der ersten Gleichung mit den Faktoren m und l multiplizieren

$$T = \frac{2}{\pi}\sqrt{\frac{m\,l^2}{g\,l\,m}}.$$

Dann wird der Zähler zum Trägheitsmoment des Massenpunktes bei $\mathfrak{B}$ in bezug auf die Drehachse C, der Nenner wird zur konstanten Direktionskraft:

$$T = \frac{2}{\pi}\sqrt{\frac{\text{Trägheitsmoment}}{\text{Direktionskraft}}}.$$

Schwingt nun ein beliebiger Körper, so ist seine Schwingungsdauer durch dieselbe obige Gleichung gegeben. l ist aber dann die Entfernung des Schwerpunktes des Körpers von der Drehachse.

So bestätigt sich hier sehr gut die Bemerkung, die wir am Anfang des Buches gemacht haben, daß es ein äußerst glücklicher Gedanke war, den Selbstinduktionskoeffizienten L als elektromagnetische Trägheit zu bezeichnen.

Nun ist bei der Stromresonanz die Frequenz der aufgedrückten Spannung gleich der Eigenfrequenz des Schwingungskreises.

Wir erinnern uns, daß beim Anschlagen einer Klaviersaite öfters eine Fensterscheibe anfängt mitzutönen. Die Eigenschwingung dieser Fensterscheibe ist eben zufällig dieselbe, wie die der tönenden Saite. Jeder Impuls der Tonwelle unterstützt die anfänglich nicht hörbare Schwingung der Fensterscheibe bis die Ausschlagsweiten so groß geworden sind, daß die Scheibe immer stärker ertönt und sogar brechen könnte, wenn die Impulse stark genug wären. Gerade so wie ein Junge auf der Schaukel sich selbst der Schwingung dieser anpaßt und mit seinem Körpergewicht dann wippt, wenn die Schaukel im Begriffe steht, aus ihrer höchsten Ruhelage die Rückbewegung zu beginnen; so wird auch bei der Stromresonanz die hin- und herschwingende Strommenge immer größer. Gedämpft wird diese Erscheinung nur durch die Wirkwiderstände, die viel elektrische Energie verbrauchen.

Beispiel. Nach Fig. 37 wäre die Klemmenspannung $E = 1000$ Volt, die Frequenz $f = 600$. Die Spule hat einen Wirkwiderstand $R = 0{,}1\ \Omega$, einen Selbstinduktionskoeffizienten $L = 0{,}8$ H, und der Kondensator hat eine Kapazität von $1{,}8\ \mu$F. Dann ist

$$J_s = \frac{1000}{\sqrt{0{,}4^2 + 4\pi^2 \cdot 600^2 \cdot 0{,}8}} = 0{,}332 \text{ A}.$$

Wir sehen, daß in unserem Falle der Wirkwiderstand von $0{,}4\ \Omega$ auf den Stromausgleich gar keinen Einfluß hat

$$J_C = 1000 \cdot 1{,}8 \cdot 10^{-6} \cdot 2\pi \cdot 600 = 6{,}8 \text{ A}$$

$$\operatorname{tg} \varphi = \frac{\omega L}{R} = \frac{2\pi \cdot 600 \cdot 0{,}8}{0{,}1}$$

$$\operatorname{tg} \varphi\ 30600$$

$$\sin \varphi \sim 1.$$

Der Gesamtstrom

$$J = \sqrt{6{,}8^2 + 0{,}33^2 - 2 \cdot 6{,}8 \cdot 3{,}31 \cdot 1}$$

$$J = \sqrt{47{,}1 - 45{,}1} = \sqrt{2} = 1{,}41 \text{ A}.$$

Die Eigenfrequenz des Schwingungskreises

$$f = \frac{1}{2\pi}\sqrt{\frac{1}{C \cdot L}}$$

$$f = \frac{1}{2\pi}\sqrt{\frac{10^6}{1{,}8 \cdot 0{,}8}} = 133.$$

Wenn die Frequenz der aufgedrückten Wechselstromspannung nicht 600, sondern 131 ist, wird im ersten Augenblick

$$J_s = 1{,}5 \text{ Amp.}$$

und

$$J_C = 1{,}5 \text{ Amp.}$$

Der resultierende Strom ist nicht ablesbar. — Die Stromstärken wachsen aber stetig, der resultierende Strom wird ablesbar, weil die Leistung im Widerstande R groß wird.

Kapazität und Selbstinduktion in Hintereinanderschaltung.

Wir machen Schaltung Fig. 42.

Im Wirkwiderstand der Spule wird ein Spannungsabfall JR entstehen, der mit dem Strom J gleiche Phase haben wird. Die EMK

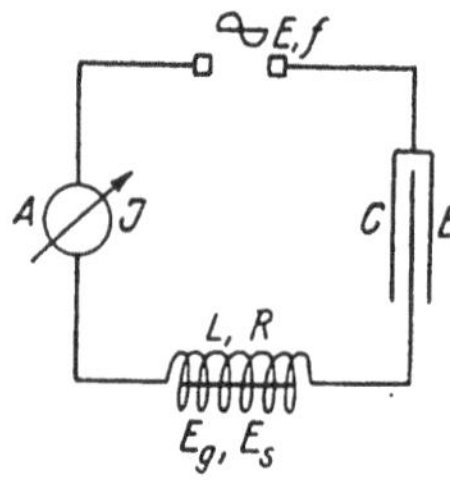

Fig. 42.

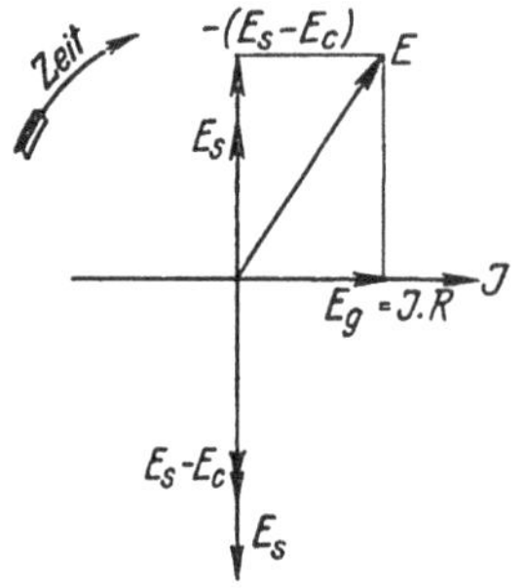

Fig. 43.

der Selbstinduktion der Spule $J\omega L$ und die Klemmenspannung an der Spule

$$E_K = J\sqrt{R^2 + \omega^2 L^2}$$

oder

$$E_K = E_g^2 + E_s^2.$$

Derselbe Strom schwingt auch im Dielektrikum des Kondensators und die für ihn aufgewandte Spannung

$$E_c = J \cdot \frac{1}{\omega C}\cdot$$

Das zugehörige Diagramm zeigt Fig. 43.

In diesem Bilde bedeutet E_s die EMK der Selbstinduktion, E_C die Kondensatorspannung, die erst überwunden werden muß. Man sieht, daß sich die Wirkungen der Spule und des Kondensators entgegenwirken, und es hat den Anschein, als ob wir nur eine Spule mit geringeren Blindwiderstand als ωL eingeschaltet hätten. Daher hat die Maschine nur die Spannung $E_s - E_C$ dafür zu leisten, während der Teil für den Wirkwiderstand R $E_g = J \cdot R$ ist. — Aus dem Bilde ergibt sich:

$$E^2 = E_g^2 + (E_s - E_C)^2$$

$$E^2 = E_g^2 + E_s^2 - 2\,E_s \cdot E_C + E_C^2.$$

Es ist nun

$$E_g{}^2 = J^2 \cdot R^2$$

$$E_s{}^2 = J^2 \cdot \omega^2 L^2$$

$$E_C{}^2 = \frac{J^2}{\omega^2 C^2}.$$

Diese Werte eingesetzt, ergibt:

$$E^2 = J^2 \cdot R^2 + J^2 \omega^2 L^2 - 2 \cdot J \omega L \cdot \frac{J}{\omega C} + \frac{J}{\omega^2 C^2}.$$

Nun wird J^2 herausgehoben:

$$E^2 = J^2 \left[R^2 + \omega^2 L^2 - \frac{2 \omega L}{\omega C} + \frac{1}{\omega^2 C^2} \right].$$

Auf gemeinsamen Nenner gebracht:

$$E^2 = J^2 \frac{R^2 \omega^2 C^2 + \omega^4 L^2 C^2 - 2 \omega^2 C^2 L + 1}{\omega^2 C^2}$$

und geordnet

$$E^2 = J^2 \frac{(\omega^4 L^2 C^2 - 2 \omega^2 C L + 1) + R^2 \omega^2 C^2}{\omega^2 C^2}$$

$$E^2 = J^2 \frac{(\omega^2 C L - 1)^2 + R^2 \omega^2 C^2}{\omega^2 C^2}$$

$$J^2 = \frac{E^2}{\dfrac{(\omega^2 C L - 1)^2 + R^2 \omega^2 C^2}{\omega^2 C^2}}$$

$$J = \frac{E}{\sqrt{\dfrac{(\omega^2 C L - 1)^2 + R^2 \omega^2 C^2}{\omega^2 C^2}}}.$$

Die Quadratwurzel im Nenner stellt den Ersatzwiderstand vor. Wird der Wirkwiderstand so gering, daß man ihn vernachlässigen kann, so wird der Ersatzwiderstand

$$\sqrt{\frac{(\omega^2 C L - 1)^2}{\omega^2 C^2}}$$

und die aufgedrückte Klemmenspannung

$$E = E_s - E_C,$$

wenn die Ausgleichstromstärke J denselben Wert beibehalten soll. Dann hinkt der Strom J der Maschinenspannung um 90° nach, die Leistung der Maschine ist Null.

Nun wird es eine Frequenz geben, bei der die beiden Spannungen E_s und E_C einander gleich werden, daher die Maschinenspannung Null sein kann, trotzdem die beiden Spannungen E_s und E_C bestehen bleiben. Dann kann man sich die Maschine überhaupt wegdenken und die beiden in Fig. 37 gezeichneten Klemmen kurzschließen. Wieder ist ein Schwingungskreis vorhanden. Die Eigenschwingung dieses Kreises muß selbstverständlich abermals durch die Formel

$$f = \frac{1}{2\pi}\sqrt{\frac{1}{CL}}$$

gegeben sein. Man kann das auch aus dieser Ableitung ersehen. Wird in der Formel

$$E^2 = J^2 \frac{(\omega^2 C L - 1)}{\omega^2 C^2}$$

$$E = 0,$$

so muß $(\omega^2 C L - 1)$ Null werden.

$$\omega^2 C L - 1 = 0$$

$$\omega^2 C L = 1$$

$$\omega^2 = \frac{1}{CL}$$

$$\omega = \sqrt{\frac{1}{C L}}$$

$$2\pi f = \sqrt{\frac{1}{C \cdot L}}$$

$$f = \frac{1}{2\pi}\sqrt{\frac{1}{C \cdot L}}.$$

Induktive Widerstände in Parallelschaltung.

Beide Spulen (Fig. 44) liegen an derselben Spannung, sie sind voneinander unabhängig. Es gelten daher die Beziehungen:

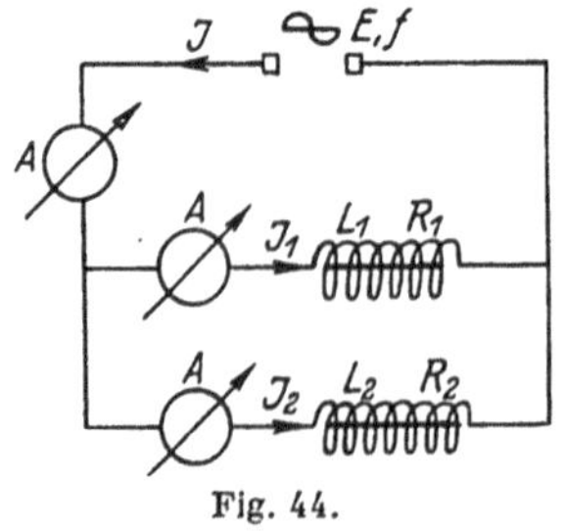

Fig. 44.

$$J_1 = \frac{E}{\sqrt{R_1^2 + \omega^2 L_1^2}}$$

$$J_2 = \frac{E}{\sqrt{R_2^2 + \omega^2 L_2^2}}.$$

Da in den beiden gezeichneten Spannungsbildern Fig. 45a und b E identisch sind, kann man sich die beiden Bilder so übereinandergelegt denken, daß die Spannungen sich decken und die Zeitpfeile gleiche Richtung zeigen. E kann jede beliebige Lage annehmen, wie Fig. 45c zeigt.

Es ist somit:

$$J^2 = J_1^2 + J_2^2 + 2\, J_1 \cdot J_2 \cos(\varphi_1 - \varphi_2).$$

Nach Fig. 45a und b

$$\cos\varphi_1 = \frac{R_1}{\sqrt{R_1^2 + \omega^2 L_1^2}},\quad \cos\varphi_2 = \frac{R_2}{\sqrt{R_2^2 + \omega^2 L_2^2}}$$

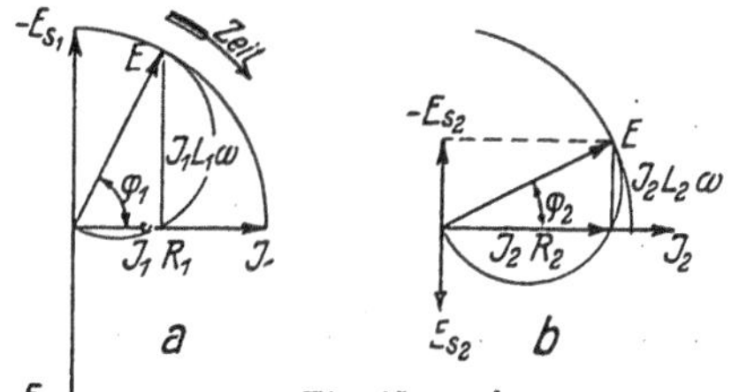

Fig. 45 a u. b.

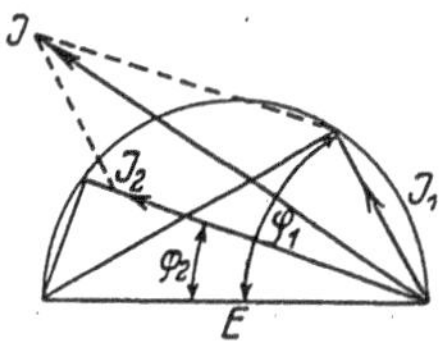

Fig. 45c.

$$\sin\varphi_1 = \frac{\omega L_1}{\sqrt{R_1^2 + \omega^2 L_1^2}},\quad \sin\varphi_2 = \frac{\omega L_2}{\sqrt{R_2^2 + \omega^2 L_2^2}}.$$

Es ist ferner:

$$\cos(\varphi_1 - \varphi_2) = \cos\varphi_1 \cdot \cos\varphi_2 - \sin\varphi_1 \cdot \sin\varphi_2$$

$$= \frac{R_1}{\sqrt{R_1^2 + \omega^2 L_1^2}} \cdot \frac{R_2}{\sqrt{R_2^2 + \omega^2 L_2^2}} - \frac{\omega L_1}{\sqrt{R_1^2 + \omega^2 L_1^2}} \cdot \frac{\omega L_2}{\sqrt{R_2^2 + \omega^2 L_2^2}}.$$

Somit wird:

$$J^2 = \frac{E^2}{R_1^2 + \omega^2 L_1^2} + \frac{E^2}{R_2^2 + \omega^2 L_2^2} + 2\,\frac{E}{\sqrt{R_1^2 + \omega^2 L_1^2}} \cdot \frac{E}{\sqrt{R_2^2 + \omega^2 L_2^2}} \cdot \cos(\varphi_1 - \varphi_2)$$

$$J^2 = \frac{E^2}{R_1^2 + \omega^2 L_1^2} + \frac{E^2}{R_2^2 + \omega^2 L_2^2} + 2\,\frac{E^2 \cdot R_1 R_2}{(R_1^2 + \omega^2 L_1^2) \cdot (R_2^2 + \omega^2 L_2^2)} - 2\,\frac{E^2 \omega^2 L_1 L_2}{(R_1^2 + \omega L_1^2) \cdot (R_2^2 + \omega^2 L_2^2)}.$$

Vereinfacht:

$$J_2^2 = E^2 \cdot \frac{(R_2^2 + \omega^2 L_2^2) + (R_1^2 + \omega^2 L_1^2) + 2 \cdot R_1 R_2 + 2\,\omega^2 L_1 L_2}{(R_1^2 + \omega^2 L_1^2) \cdot (R_2^2 + \omega^2 L_2^2}$$

$$J^2 = E^2 \cdot \frac{(R_1 + R_2)^2 + \omega^2 (L_1 + L_2)^2}{(R_1^2 + \omega^2 L_1^2) \cdot (R_2^2 + \omega^2 L_2^2)}$$

$$J = \frac{E}{\sqrt{\dfrac{(R_1^2 + \omega^2 L_1^2) \cdot (R_2^2 + \omega^2 L_2^2)}{(R_1 + R_2)^2 + \omega^2 (L_1 + L_2)^2}}}.$$

Der Wurzelausdruck im Nenner ist der Ersatzwiderstand. Wenn wir die Blindwiderstände ωL_1 und ωL_2 Null setzen, müssen wir auf den Ersatzwiderstand der beiden parallel geschalteten Wirkwiderstände R_1 und R_2 kommen

$$R_e = \frac{R_1 \cdot R_2}{R_1 + R_2}.$$

Induktiver und Wirkwiderstand in Parallelschaltung.

Nach Fig. 46 ist

$$J_1 = \frac{E}{R_1} \text{ und } J_2 = \frac{E}{\sqrt{R_2^2 + \omega^2 L_2^2}}.$$

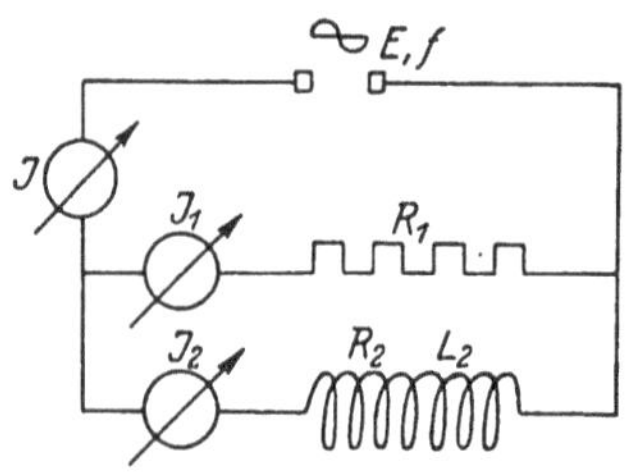

Fig. 46.

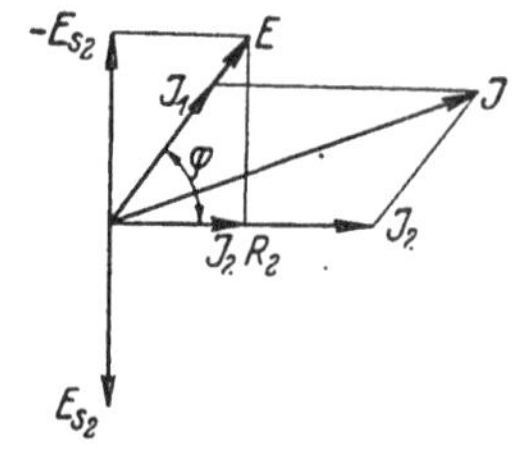

Fig. 47.

Der Strom J_1 muß mit E gleiche Phase haben. Daher ergibt sich Bild Fig. 47.

$$J^2 = J_1^2 + J_2^2 + 2 J_1 \cdot J_2 \cdot \cos\varphi$$

$$J^2 = \frac{E^2}{R_1^2} + \frac{E^2}{R_2^2 + \omega^2 L_2^2} + 2 \frac{E}{R_1} \cdot \frac{E}{\sqrt{R_2^2 + \omega^2 L_2^2}} \cdot \frac{R_2}{\sqrt{R_2^2 + \omega^2 L_2^2}}$$

$$J^2 = E^2 \cdot \frac{R_2^2 + \omega^2 L_2^2 + R_1^2 + 2 R_1 \cdot R_2}{R_1^2 \cdot (R_2^2 + \omega^2 L_2^2)}$$

$$J^2 = E^2 \cdot \frac{(R_1 + R_2)^2 + \omega^2 L_2^2}{R_1^2 \cdot (R_2^2 + \omega^2 L_2^2)}$$

$$J = \frac{E}{\sqrt{\frac{R_1^2 \cdot (R_2^2 + \omega^2 L_2^2)}{(R_1 + R_2)^2 + \omega^2 L_2^2}}}.$$

Zwei hintereinander geschaltete induktive Widerstände.

Durch beide induktive Widerstände fließt der Strom J. Es ist daher

$$J = \frac{E_1}{\sqrt{R_1^2 + \omega L_1^2}} = \frac{E_2}{\sqrt{R_2^2 + \omega^2 L_2^2}}.$$

Man kann daher das Bild Fig. 49 aufzeichnen.

Es ist:

$\overline{od} = J_1 R_1$ $\qquad \overline{ab} = J_2 R_2$

$\overline{da} = J_1 \omega L_1$ $\qquad \overline{bc} = J_2 \omega L_2$

$\overline{oa} = E_1$ $\qquad \overline{ac} = E_2$

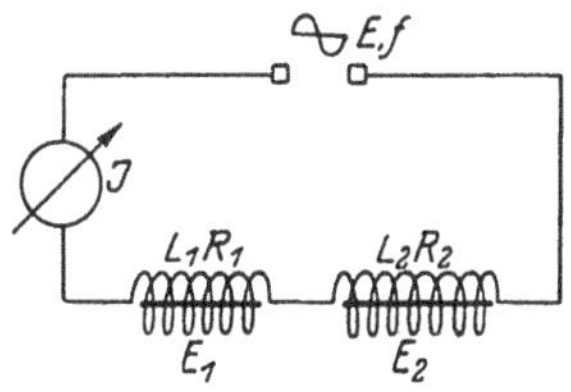

Fig. 48.

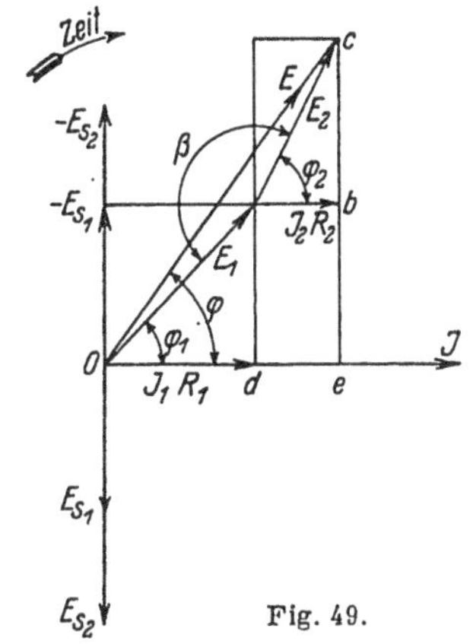

Fig. 49.

$$\sphericalangle \beta = \varphi_1 + (180 - \varphi_2)$$
$$= \varphi_1 + 180 - \varphi_2$$
$$= 180 + (\varphi_1 - \varphi_2).$$

Daher wird

$$E = \sqrt{E_1^2 + E_2^2 + 2\, E_1 \cdot E_2 \cdot \cos\,[180 + (\varphi_1 - \varphi_2)]}$$
$$\cos\,[180 + (\varphi_1 - \varphi_2)] = -\cos\,(\varphi_1 - \varphi_2).$$

Aus dem Diagramm Fig. 49 kann man unmittelbar ablesen:

$$E^2 = J^2\,[(R_1 + R_2)^2 + \omega^2\,(L_1 + L_2)^2]$$

und

$$J = \frac{E}{\sqrt{(R_1 + R_2)^2 + \omega^2\,(L_1 + L_2)^2}}.$$

Zwei nebeneinander geschaltete Kondensatoren.

Sind Kondensatoren wie in Fig. 50 geschaltet, so haben die Teilströme J_1 und J_2 dieselbe Phase wie J

$J_1 = E\,\omega\,C_1$

$J_2 = E\,\omega\,C_2$

$J = J_1 + J_2 = E\,\omega\,(C_1 + C_2).$

Die Ersatzkapazität ist

$(C_1 + C_2).$

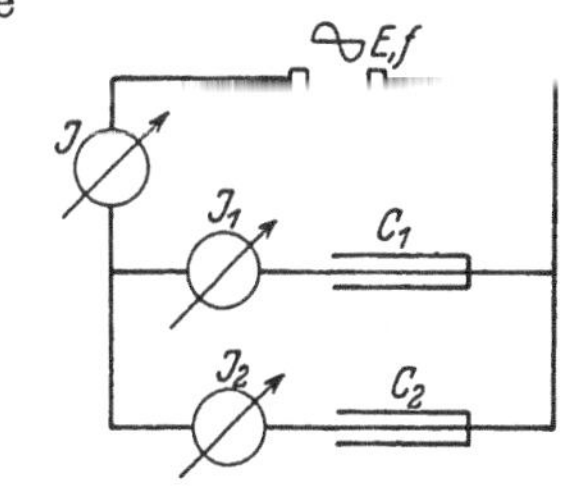

Fig. 50.

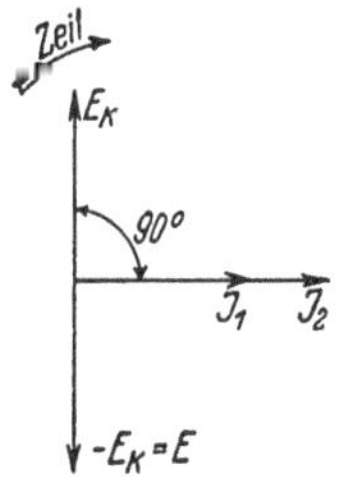

Fig. 51.

Kapazitäten in Hintereinanderschaltung.

Die Stromschwingungen sind in beiden Kondensatoren (Fig. 52) die gleichen. Daher müssen die Kondensatorenspannungen E_{C1} und E_{C2}

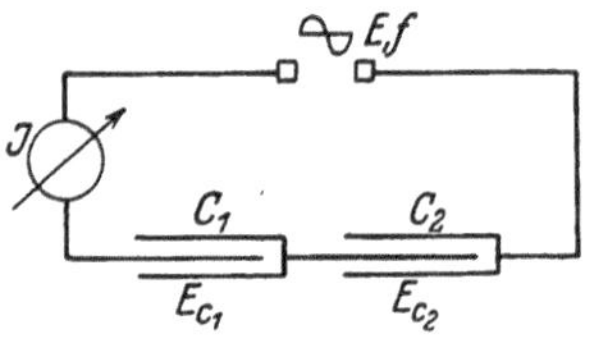

Fig. 52.

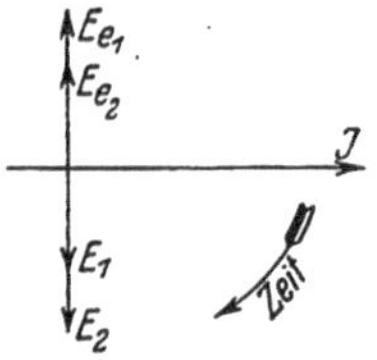

Fig. 53.

dem Strome J um 90° voreilen. Man erhält das Diagramm Fig. 53: Es ist somit

$$E = E_{C_1} + E_{C_2} = \frac{J}{\omega C_1} + \frac{J}{\omega C_2} = \frac{J}{\omega}\left(\frac{1}{C_1} + \frac{1}{C_2}\right) = \frac{J}{\omega} \cdot \frac{C_1 + C_2}{C_1 \cdot C_2}.$$

$$J = \frac{E}{\dfrac{C_1 \cdot C_2}{\omega (C_1 + C_2)}}.$$

Wirkwiderstand und Kapazität in Parallelschaltung.

Der Strom J_1 in Fig. 54 hat mit der Klemmenspannung E gleiche Phase, der Strom J_2 eilt der Klemmenspannung um 90° voraus. Es ergibt sich daher das in Fig. 55 gezeichnete Bild.

Es ist also

$$J = \sqrt{J_1^2 + J_2^2}$$

$$J_1 = \frac{E}{R}$$

$$J_2 = E\,\omega\,C$$

$$J^2 = \frac{E^2}{R^2} + \frac{E^2}{\omega^2 C^2}$$

$$J = E \cdot \sqrt{\frac{1}{R^2} + \frac{1}{\omega^2 C^2}}$$

$$J = E \cdot \sqrt{\frac{\omega^2 C^2 + R^2}{\omega^2 C^2 R^2}}$$

$$J = \frac{E}{\sqrt{\dfrac{\omega^2 C^2 R^2}{\omega^2 C^2 + R^2}}}.$$

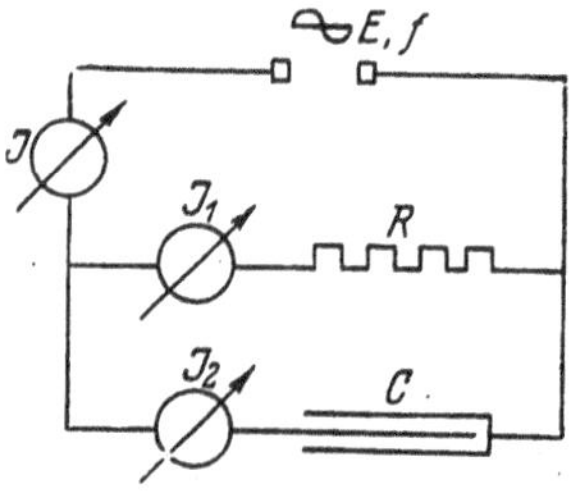

Fig. 54.

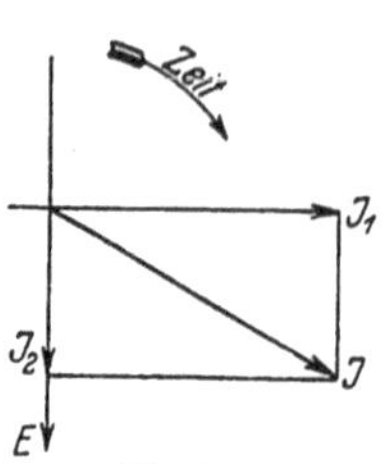

Fig. 55.

Die Wurzel im Nenner ist der Ersatzwiderstand.

Wirkwiderstand und Kapazität in Hintereinanderschaltung. (Fig. 56).

Da J im ganzen Wechselstromkreise dieselbe Stärke hat, ist

$$E_1 = \frac{J}{\omega C}$$

und

$$E_2 = J \cdot R.$$

Auch muß J mit der Spannung E_2 dieselbe Phase haben, während J der Teilspannung E_1 um 90^0 voreilt. Dann ergibt sich das Bild der Fig. 57.

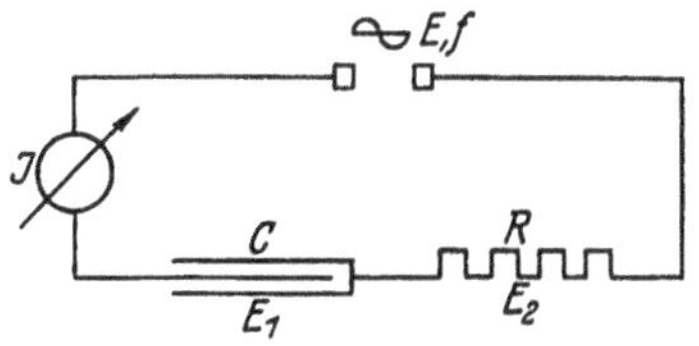

Fig. 56.

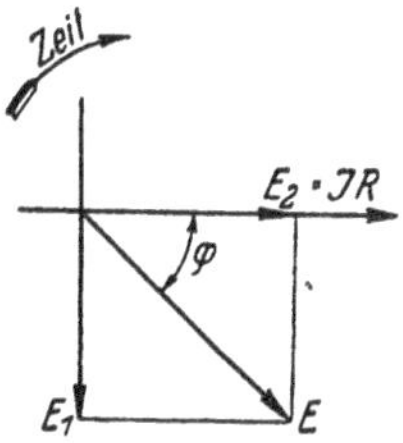

Fig. 57.

Wir sehen also, daß der Strom J der aufgedrückten Klemmenspannung E um den Winkel φ voreilt

$$\operatorname{tg} \varphi = \frac{J}{\omega C J R} = \frac{1}{\omega C R}.$$

$$E^2 = E_1^2 + E_2^2$$

$$E^2 = \frac{J^2}{\omega^2 C^2} + J^2 \cdot R^2$$

$$E^2 = J^2 \left(\frac{1}{\omega^2 C^2} + R^2 \right)$$

$$E^2 = J^2 \frac{1 + \omega^2 C^2 R^2}{\omega^2 C^2}$$

$$J = \frac{E}{\sqrt{\frac{1 + \omega^2 C^2 R^2}{\omega^2 C^2}}}.$$

Auf S. 11 wurde bereits bemerkt, daß die Formel

$$e = i R + L \frac{d i}{d t}$$

allgemein gültig ist, auch dann, wenn e eine veränderliche sinoidale Spannung ist:

$$e = \overline{E} \sin \omega t.$$

Es ist somit

$$\overline{E} \sin \omega t = i R + L \frac{d i}{d t}.$$

Wir wollen nun auch in diesem Falle die augenblickliche Stromstärke i berechnen.

Wir führen die Exponentialwerte für $\sin \omega t$ und $\cos \omega t$ ein:

$$\sin \omega t = \frac{\varepsilon^{j\omega t} - \varepsilon^{-j\omega t}}{2}$$

$$\cos \omega t = \frac{\varepsilon^{j\omega t} + \varepsilon^{-j\omega t}}{2},$$

wo ε der Basis des natürlichen Logarithmensystems, $j = \sqrt{-1}$ gesetzt ist

$$\frac{\overline{E}}{L} \sin \omega t = \frac{R}{L} i + \frac{d i}{d t}$$

$$\frac{L}{R} = T = \text{Zeitkonstante}$$

$$\frac{\overline{E}}{R T} \sin \omega t = \frac{i}{T} + \frac{d i}{d t}.$$

Wir multiplizieren beiderseits mit $\varepsilon^{\frac{t}{T}}$

$$\frac{\overline{E}}{R T} \varepsilon^{\frac{t}{T}} \cdot \sin \omega t = \frac{i}{T} \varepsilon^{\frac{t}{T}} + \frac{d i}{d t} \varepsilon^{\frac{t}{T}}.$$

Die rechte Seite ist nun das vollständige Differential von $i \varepsilon^{\frac{t}{T}}$. Deshalb wird

$$\frac{d\left[i \varepsilon^{\frac{t}{T}}\right]}{d t} = \frac{\overline{E}}{R T} \cdot \varepsilon^{\frac{t}{T}} \cdot \sin \omega t$$

oder

$$\frac{d\left[i \varepsilon^{\frac{t}{T}}\right]}{d t} = \frac{\overline{E}}{2 j R T}\left[\varepsilon^{\left(\frac{t}{T} + j \omega t\right)} - \varepsilon^{\left(\frac{t}{T} - j \omega t\right)}\right].$$

Wenn man die beiden Seiten integriert, so erhält man:

$$i \varepsilon^{\frac{t}{T}} = \frac{\overline{E}}{2 j R} \varepsilon^{\frac{t}{T}} \left[\frac{\varepsilon^{j\omega t}}{1 + j \omega T} - \frac{\varepsilon^{-j\omega t}}{1 - j \omega T}\right] + C$$

$$i = \frac{\overline{E}}{2 j R} \left[\frac{\varepsilon^{j\omega t}}{1 + j \omega T} + \frac{\varepsilon^{-j\omega t}}{1 - j \omega T}\right] + C \cdot \varepsilon^{-\frac{t}{T}}$$

Erinnert man sich, daß

$$\varepsilon^{j\omega t} = \cos \omega t + j \sin \omega t$$

$$\varepsilon^{-j\omega t} = \cos \omega t - j \sin \omega t,$$

so wird

$$i = \frac{E}{R}\left[\frac{\sin \omega t - \omega T \cos \omega t}{1 + \omega^2 T^2}\right] + C \varepsilon^{-\frac{t}{T}}.$$

Setzt man nun für T wieder $\frac{L}{R}$, für $\frac{\omega L}{R} = \operatorname{tg} \varphi = \omega T$, für $\cos \varphi = \frac{R}{\sqrt{R^2 + \omega^2 L^2}}$ für $\sin \varphi = \frac{\omega L}{\sqrt{R^2 + \omega^2 L^2}}$ ein, so wird

$$i = \frac{E}{\sqrt{R^2 + \omega^2 L^2}} \cdot \sin(\omega t - \varphi) + C \cdot \varepsilon^{-\frac{t}{T}}.$$

Das letzte Glied $C\,\varepsilon^{-\frac{t}{R}} = -\frac{\overline{E}}{R}\cdot\varepsilon^{-\frac{t}{R}}$ gilt wie bei Gleichstrom nur für die allererste Zeit nach Stromschluß Mit wachsender Zeit klingt dieses Glied rasch ab. Bei Schaltvorgängen spielt indes dieses Glied oft eine bedeutende Rolle. Gelingt es uns, den Strom in dem Augenblick einzuschalten, wo die Stromkurve durch Null geht, so hat das letzte Glied keine Bedeutung, sein Wert wird Null, weil ja $\frac{\overline{E}}{R}$ Null wird.

In jedem anderen Augenblick ist es anders. Der Strom muß sich erst auf den dauernden Zustand einschwingen.

Wird im Augenblick t_1 eingeschaltet, so müßte der Strom augenblicklich auf i_1 anwachsen. Der Einschaltstrom verläuft einseitig, die Amplituden sind verschieden. Der Höchstwert wird ungefähr das Doppelte der normalen Amplitude betragen (Fig. 58).

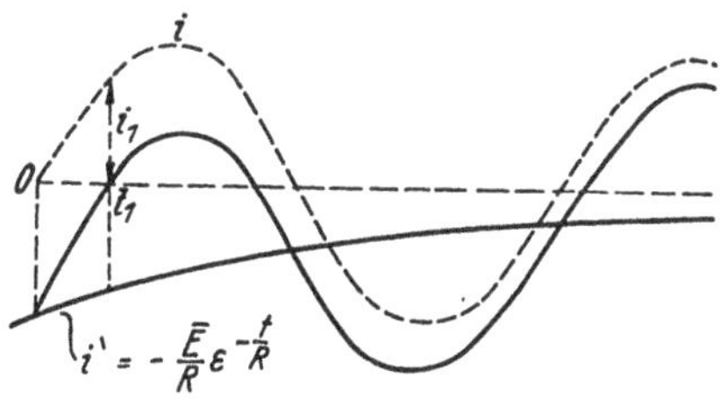

Fig. 58.

Wenn neben der Selbstinduktion auch Kapazität sich im angeschlossenen Stromkreis sich befindet, so kann der Schaltvorgang ganz bedeutende Überspannungen hervorrufen, die mehr als den zehnfachen Wert der Normalspannungen betragen können. Es ist dann

$$\overline{E}\cdot\sin\omega t = i\,R + L\frac{d\,i}{d\,t} + \frac{q}{C},$$

wenn q die augenblicklich aufgeladene Elektrizitätsmenge und C die Kapazität bedeutet. Es ist $i = \frac{d\,q}{d\,t}$, daher $\frac{d\,i}{d\,t} = \frac{d^2 q}{d\,t^2}$.

Es ist somit

$$\overline{E}\sin\omega t = \frac{d\,q}{d\,t}R + L\frac{d^2 q}{d\,t^2} + \frac{q}{C}$$

$$\frac{\overline{E}}{L}\sin\omega t = \frac{R}{L}\frac{d\,q}{d\,t} + \frac{d^2 q}{d\,t^2} + \frac{q}{C\cdot L}.$$

Dies ist eine Differentialgleichung zweiter Ordnung von der allgemeinen Form

$$\frac{d^2 q}{d\,t^2} + a\frac{d\,q}{d\,t} + b\,q = u$$

$$\left.\begin{aligned} a &= \frac{R}{L} = \frac{1}{T} \\ b &= \frac{1}{C\,L} \end{aligned}\right\}\ \text{Konstante.}$$

u ist eine Funktion von t:

$$u = \frac{\overline{E}}{L}\cdot\sin\omega t.$$

Die vollständige Lösung dieser Gleichung ist

$$q = q_1 + q_2.$$

Darin ist

$$q_1 = \frac{-\frac{\overline{E}}{L}}{\sqrt{\frac{\omega^2}{T^2} + \left(\omega^2 - \frac{1}{K \cdot L}\right)^2}} \cdot \cos\left(\omega t - \operatorname{arc\,tg} \frac{\left(\omega^2 - \frac{1}{KL}\right) T}{\omega}\right)$$

$$q_2 = K_1 \Delta^{\lambda_1 \cdot t} + K_2 \Delta^{\lambda_2 \cdot t}.$$

In dieser Gleichung bedeuten K_1 und K_2 die beiden Integrationskonstanten, Δ die Basis des natürlichen Logarithmensystems

$$\lambda_1 = -\frac{1}{2T} - \sqrt{\frac{1}{4T_2} - \frac{1}{CL}}$$

$$\lambda_2 = -\frac{1}{2T} + \sqrt{\frac{1}{4T^2} - \frac{1}{CL}}.$$

Von der Größe λ hängt es nun ab, ob die beim Schaltvorgang eintretenden Schwingungen einen aperiodischen oder oszillatorischen Verlauf nehmen. Am häufigsten ist es, daß

$$\frac{1}{4T^2} < \frac{1}{CL}$$

oder

$$R < 2\sqrt{\frac{L}{C}}.$$

Das ist der Fall, wo gefährliche Oberschwingungen eintreten können. Die Lösung ergibt folgendes Ergebnis:

$$i = \overline{J} \sin(\omega t - \varphi) + \overline{J} \varepsilon^{-\frac{1}{2T}(t - t_1)}$$

$$\cdot \left\{\left[\frac{1}{2T\lambda_0} \sin(\omega t_1 - \varphi) - \frac{\frac{1}{T^2} + 4\lambda_0^2}{4\omega\lambda_0} \cdot \cos(\omega t_1 - \varphi)\right] \cdot \right.$$

$$\left. \cdot \sin \lambda_0 (t - t_1) - \sin(\omega t_1 - \varphi) \cdot \cos \lambda_0 (t - t_1)\right\} \cdot$$

In diesem Ausdruck ist

$$\lambda_0 = \sqrt{\frac{1}{L \cdot C} \cdot \left[1 - \frac{R^2 C}{4L}\right]}.$$

Der Einschaltvorgang ist dann ungefähr durch Bild 59 gegeben:

Das erste und dritte Glied der geschlungenen Klammer ist meist gegen das zweite Glied zu vernachlässigen, wenn in dem Moment eingeschaltet wird, wo der Strom den Höchstwert erreicht hat. Dann ist $\omega t_1 - \varphi$ Null. — Die Anfangsamplituden sind ein Vielfaches der normalen Amplitude. Schaltet man indessen gerade in dem Augenblick ein, wo E durch den Wert Null hindurchgeht, so verschwinden die beiden ersten Glieder der geschlungenen Klammer, und die resultierende Amplitude ist wesentlich kleiner als im ersten Grenzfalle. — Somit ist die Wichtigkeit der Schaltvorgänge erwiesen. Allmähliches Ein- und Ausschalten über große Wirkwiderstände ist immer empfehlenswert.

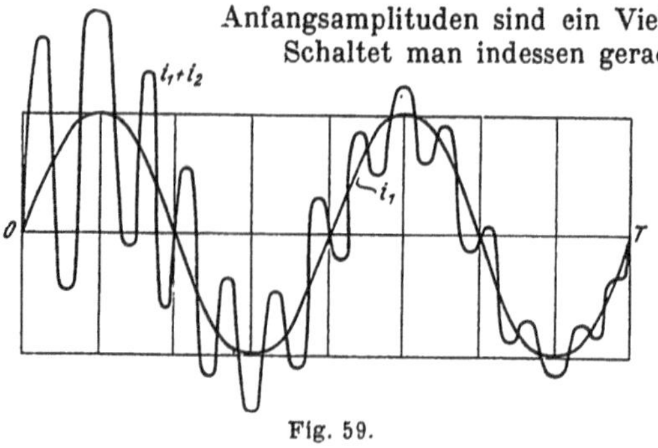

Fig. 59.

IV. Kapitel.

Einige Messungen: Messung von Selbstinduktionskoeffizienten, Selbstinduktionskoeffizienten eisenhaltiger Stromkreise, Messung von Koeffizienten der gegenseitigen Induktion. Kapazitäten. Herstellung von 90^0 Phasenverschiebung, die Drei-Amperemeter-Methode, die Drei-Voltmeter-Methode.

Messung des Selbstinduktionskoeffizienten: Man kann hiezu die Schaltung in Fig. 29 verwenden. Aus der Gleichung

$$J = \frac{E}{\sqrt{R^2 + \omega^2 L^2}}$$

ergibt sich der Wert des Nenners

$$W = \sqrt{R^2 + \omega^2 L^2} = \frac{E}{J}.$$

W ist der gesamte Wechselstromwiderstand. — Dann ist

$$L = \frac{\sqrt{W^2 - R^2}}{\omega}.$$

Die Ermittlung von R macht keine weitere Schwierigkeit. Die Frequenz f wird als bekannt vorausgesetzt, der Wechselstrom muß nahezu sinoidaler Form sein.

Bei dieser Messung ist zu beachten, daß der erhaltene Wert von L um so unzuverlässiger ist, je geringer der Unterschied von W und R ist. Der zu messende Koeffizient L darf demnach nicht zu klein sein. Ist also L klein, so wird diese Messung ungeeignet sein. Es ist gut, Spannungen über 100 Volt zu verwenden.

Bei eisenhaltigen Stromkreisen kann man nur den mittleren wirksamen Koeffizienten L bestimmen, der ja für die Praxis allein in Frage kommt. Die Bestimmung ist schwieriger. L hängt von der Meßstromstärke ab. Man wird also L für verschiedene Meßstromstärken bestimmen müssen und dann die Werte von L als Funktion der Meßstromstärken auftragen müssen. Auch die Wirbelstrom- und Hysteresisverluste, die vom Meßstrom gedeckt werden müssen, sind zu berücksichtigen. Bezeichnen wir nun den Meßstrom mit J, so wird dessen arbeitsleistende Komponente in die Richtung der Wechselstromspannung fallen. — Diese Komponente erhält man durch die Wattmeterablesung. Ergibt diese L Watt, so ist der in die obige Gleichung einzusetzende Wirkwiderstand

$$R = \frac{L}{J^2}.$$

Den Wattverbrauch des Wattmeters selbst kann man für diese praktische Messung vernachlässigen.

Man pflegt den Induktionskoeffizienten der gegenseitigen Induktion mit Gleichstrom zu messen. Es muß berücksichtigt werden, daß die so erhaltenen Werte nur bedingt auf Wechselstrommessungen übertragen werden können, weil die gemessene effektive Stromstärke nicht den Höchstwert angibt. — Wird der geradlinige Verlauf der Magnetisierungskurve überschritten, so muß der bei Wechselstrom ermittelte wirksame Mittelwert von dem mit Gleichstrom ermittelten Mittelwert abweichen.

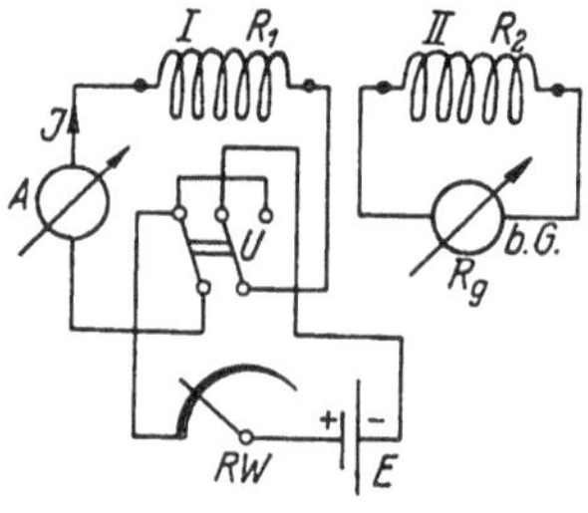

Fig. 60.

Zur Bestimmung von M durch Gleichstrom eignet sich folgende Schaltung (Fig. 60):

Die Klemmen der Spule II sind mit einem ballistischen Galvanometer verbunden. Ist R_2 der Wirkwiderstand dieser Spule, R_g der Wirkwiderstand des ballistischen Galvanometers, so ist der gesamte Wirkwiderstand des zweiten Stromkreises

$$R = R_2 + R_g.$$

Mit dem Regulierwiderstand $R\,W$ stellt man eine passende Stromstärke J her. Man ändert durch Umlegen des Hebels des Umschalters U den Strom in Spule I und erhält in der Spule II eine augenblickliche EMK E_2 (e_2). Es ist dann

$$\int e \cdot dt = 2\ M\,J = R \int i\,dt \quad 2\,M\,J = R \cdot C_b\,\alpha,$$

wenn α der erste Ausschlag des ballistischen Galvanometers und C_b dessen ballistische Konstante ist.

Bei Messung mit Wechselstrom macht man die in Fig. 61 gezeichnete Schaltung.

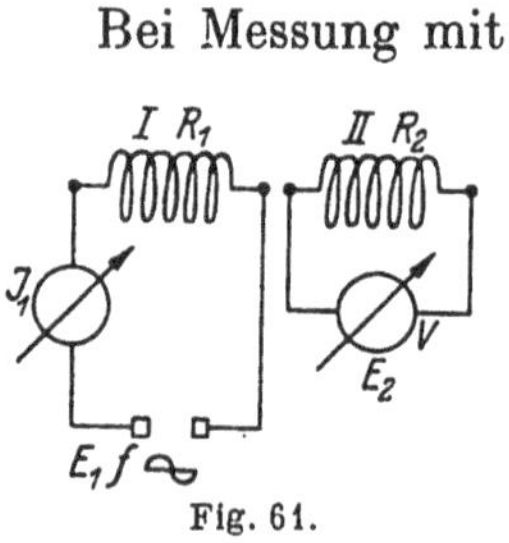

Fig. 61.

Es ist für einen bestimmten Versuch

$$E_2 = \omega\,J_1\,M$$

$$M = \frac{E_2}{\omega\,J_1}.$$

Die in der zweiten Spule induzierte EMK E_2 liefert also den gesuchten Koeffizienten M.

Durch Veränderung von J_1 erhält man verschiedene Werte von M, die man wieder als Funktion von J_1 aufträgt und die so erhaltene Kurve mit der bei Gleichstrommessung erhaltenen Kurve vergleicht.

Bestimmung von Kapazitäten.

In der Praxis handelt es sich hauptsächlich um die wirksamen Kapazitätswerte von Hochspannungskondensatoren und Hochspannungsnetzen im Wechselstrombetriebe. — Zur Bestimmung größerer Kapazitäten macht man die Schaltung Fig. 35. Die Stromstärke mißt man vorteilhaft mit einem Hitzdrahtamperemeter, die Spannung mit einem elektrostatischen Voltmeter. Dann ist

$$\frac{E}{J} = \frac{1}{\omega C}.$$

Der gemessene Strom J besteht eigentlich aus zwei aufeinander senkrecht stehenden Komponenten. Die erste Komponente ist der eigentliche Ladestrom, der der aufgedrückten Spannung um 90° voreilt, die andere Komponente ist mit der Spannung phasengleich. Diese Wattkomponente entsteht infolge unvollkommener Isolation und infolge der Reibungsarbeit im Dielektrikum. Diese Komponente ist ja in den meisten Fällen so klein, daß man sie vernachlässigen kann, besonders dann, wenn die zu messenden Kapazitäten größer sind als 0,2 μF. — Diese Methode wird sich von Kapazitätsmessungen von Hochspannungskabeln eignen. Hier hat man es mit verteilter Kapazität zu tun. Es wird ein Kapazitätswert gemessen, der einer in der Mitte des Kabels gedachten Kapazität entspricht und die verteilte Kapazität ersetzt. Es ist auch der Wirkwiderstand des Kabels zu berücksichtigen. Das Kabel ist daher durch die in Fig. 62 gezeichnete Ersatzschaltung gegeben

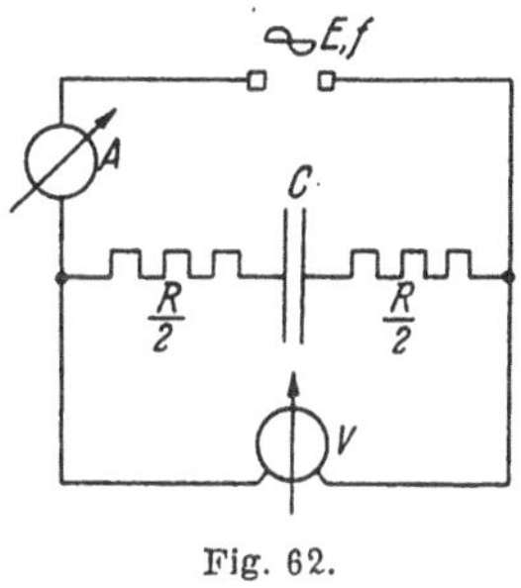

Fig. 62.

$$E = \sqrt{E_C^2 + E_r^2}$$
$$E_C = \sqrt{E^2 - J^2 R^2}.$$

Der gesamte Wechselstromwiderstand

$$W = J \sqrt{\left(\frac{1}{\omega C}\right)^2 + R^2}.$$

Wenn man nun beiderseits gleichviel Wirkwiderstand hinzufügt, daß R groß wird, so wird nach der letzten Formel bei Anwendung hoher Spannungen der gerechnete Wert von C sehr genau sein und sich auch für kleine Kapazitäten eignen. Sehr gut ist es, die Stromstärke nicht unmittelbar mit einem Meßgerät, sondern mittelbar wie folgt zu bestimmen:

Man schaltet vor die Kapazität einen Wirkwiderstand R_1, der ungefähr die Größe von $\frac{1}{\omega C}$ haben soll. Man mißt zuerst die Spannung E_r an dem Wirkwiderstand R_1, hierauf die Spannung E_C an der Kapazität (Kabel) und die gesamte Spannung E.

Es ist dann

$$E_r = \sqrt{E^2 - E_C^2}.$$

Es ist aber auch

$$J \cdot R = E_r$$

$$J = \frac{E_r}{R}.$$

Anderseits ist

$$J = \omega C \cdot E_C.$$

$$\frac{E_r}{R} = \omega C \cdot E_C$$

und

$$C = \frac{\sqrt{E^2 - E_C^2}}{R_1 \omega \cdot E_C}.$$

Herstellung von einer Phasenverschiebung zwischen Spannung und Strom um 90⁰.

Man macht hiezu die in Fig. 63 gezeichnete Schaltung:

W und W_2 sind induktive, R_1 ein Wirkwiderstand, R der Vorschaltwiderstand zum Wattmeter. Man kann nun R_1 allein, oder R_1 und W solange verändern, bis das Wattmeter den Ausschlag Null anzeigt. Es ist dabei unbedingt nötig, durch Veränderung der genannten

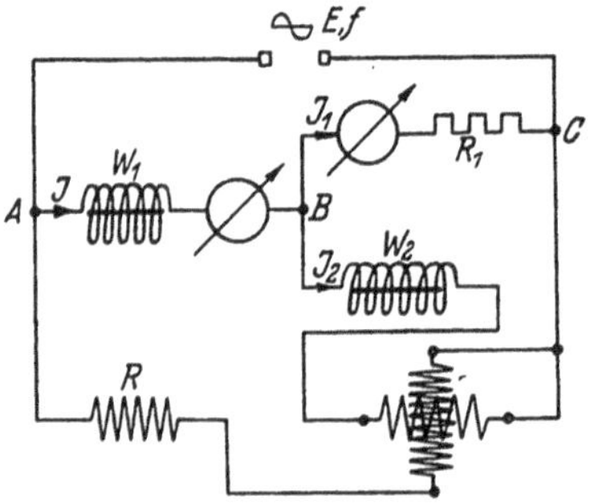

Fig. 63.

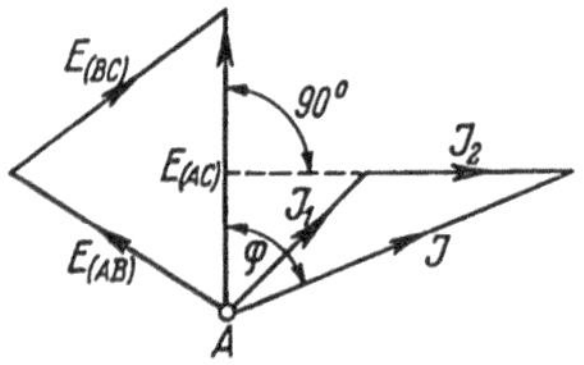

Fig. 64.

Widerstände positive und negative Ausschläge am Wattmeter erhalten zu haben und sich dann den Nullausschlag zu errechnen. In diesem Falle haben der Strom J_2 und die Spannung E eine Phasenverschiebung von 90⁰. — Das zeigt das Strom- und Spannungsbild in Fig. 64.

Leistungsmessung des Wechselstroms mit der Drei-Amperemeter-Methode.

Es soll die Leistung im Netze (Fig. 65) gemessen werden. R_1 ist ein Wirkwiderstand, der ungefähr so groß sein soll wie der Wechselstromwiderstand des Netzes. — J_1 und R_1 werden gleiche Phase haben. J ist die geometrische Summe aus J_1 und J_2. J_2 wird der Klemmenspannung um den Winkel φ nachhinken. Es ergibt sich somit das Strombild Fig. 66.

J, J_1 und J_2 wurden an den Strommessern abgelesen. Es ist aus dem Strombild

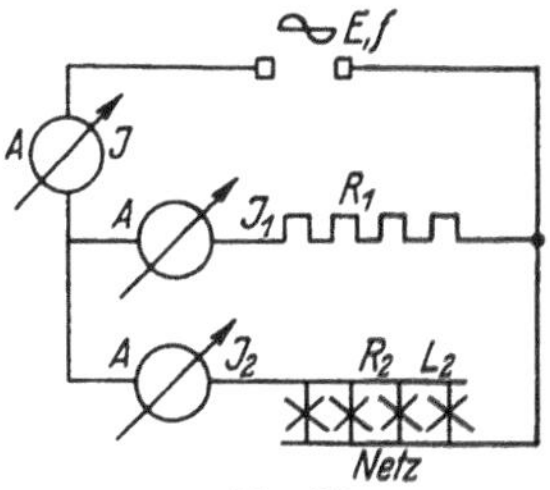

Fig. 65.

$$J^2 = J_1^2 + J_2^2 + 2 J_1 \cdot J_2 \cdot \cos \varphi,$$

da $$J_1 = \frac{E}{R_1} \text{ wird}$$

$$J^2 = J_1^2 + J_2^2 + \frac{2E}{R_1} \cdot J_2 \cos \varphi.$$

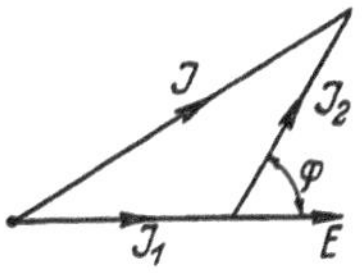

Fig. 66.

Nun ist $E \cdot J_2 \cdot \cos \varphi$ die gesuchte Leistung N. — Somit wird

$$J^2 = J_1^2 + J_2^2 + \frac{2}{R_1} \cdot N$$

$$\frac{R_1}{2} J^2 - \frac{R_1 J_1^2}{2} - \frac{R_1 J_2^2}{2} = N$$

$$N = \frac{R_1}{2} (J^2 - J_1^2 - J_2^2).$$

Anmerkung. Es ist für die Richtigkeit der Messung vorteilhaft, die drei Stromstärken mittels eines entsprechenden Schalters mit einem einzigen Amperemeter zu messen.

Leistungsmessung des Wechselstroms mit der Drei-Voltmeter-Methode.

Hiezu macht man die Schaltung, wie sie in Fig. 67 angegeben ist: A ist das Netz. Die dort verbrauchte Leistung soll gemessen werden. Man mißt mit einem Voltmeter die Spannung zwischen a und b (E_1), die Spannung zwischen b und c (E_2) und die Gesamtspannung zwischen a und c (E). Der Strom J wird mit der Spannung E_2 gleiche Phase haben und wird der Spannung E_1 um den Winkel φ nachhinken. Die Spannungen E_1 und E_2 ergeben die Gesamtspannung E. So ergibt sich das Spannungsbild der Fig. 68.

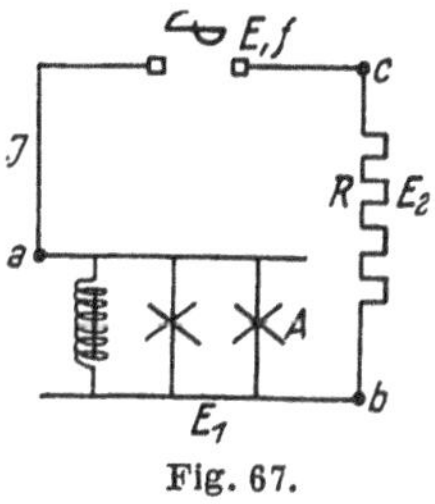

Fig. 67.

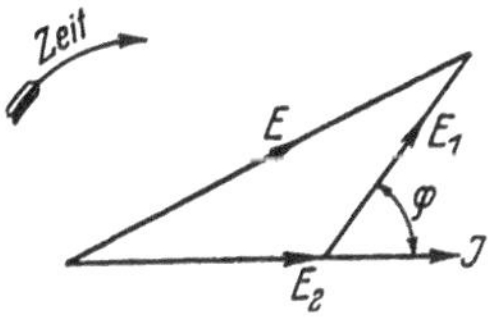

Fig. 68.

Aus Fig. 68 ergibt sich:

$$E^2 = E_2^2 + E_1^2 + 2 E_1 \cdot E_2 \cos \varphi,$$

da

$$E_2 = J \cdot R,$$

so wird

$$E^2 = E_2^2 + E_1^2 + 2 E_1 J R \cdot \cos \varphi.$$

Es ist $E_1 \cdot J \cdot \cos\varphi$ die gesuchte Leistung

$$E^2 = E_2^2 + E_1^2 + 2R \cdot N$$

und

$$N = \frac{E^2 - E_1^2 - E_2^2}{2R}.$$

Besprechung des cos φ und seine Bedeutung in der Praxis.

Es soll auf einer Wechselstromleitung, deren Selbstinduktion und Kapazität wir vernachlässigen wollen, eine Leistung von N Kilowatt übertragen werden. Die Übertragungsentfernung sei l Kilometer, die Spannung am Anfange der Leitung sei E Volt. Der Wattverlust in der Leitung soll p vH der zu übertragenden Leistung sein. Die Leitfähigkeit des Leitungsmaterials sei $\varkappa$. Es soll der Querschnitt der Leitung bestimmt werden. — Es ist die zu übertragende Leistung

$$N \cdot 1000 = E \cdot J \cdot \cos\varphi \text{ Watt.}$$

Der Verlust in der Leitung

$$N_v = \frac{N \cdot 1000 \cdot p}{100} = 10\,N \cdot p \text{ Watt}$$

oder anderseits

$$N_v = J^2 \cdot R = J^2 \frac{2000\,l}{\varkappa \cdot q}.$$

Wir können daher die Gleichung aufstellen:

$$10 \cdot N \cdot p = J^2 \frac{2000\,l}{\varkappa \cdot q}$$

$$N \cdot p\,\varkappa\,q = 200\,J^2 \cdot l$$

$$q = \frac{200\,J^2 \cdot l}{N \cdot p \cdot \varkappa}.$$

Da aus der ersten Gleichung

$$J^2 = \frac{N \cdot 10^6}{E^2 \cdot \cos^2\varphi}$$

wird

$$q = \frac{200\,l}{N \cdot p \cdot \varkappa} \cdot \frac{N \cdot 10^6}{E^2 \cdot \cos^2\varphi}$$

$$q = \frac{2\,l \cdot N \cdot 10^8}{\varkappa \cdot p \cdot E^2 \cdot \cos^2\varphi}.$$

Daraus ergibt sich wie bei Gleichstrom, daß der Querschnitt der Leitung mit dem Quadrate der Übertragungsspannung abnimmt, eine Tatsache, die die Übertragung großer Leistungen auf weite Entfernung wirtschaftlich möglich macht.

Bei Wechselstrom kommt noch das $\cos^2 \varphi$ im Nenner hinzu. — Wenn also die Belastung des Netzes stark induktiv ist ($\cos \varphi = 0,7$ ist fast die Regel), so wird $\cos^2 \varphi$ ungefähr 0,5 und der nötige Querschnitt verdoppelt.

Nach Fig. 69 kann man den Leitungsstrom in zwei Komponenten zerlegen: Die Komponente, der Wirkstrom J_w fällt mit der Spannung E zusammen; der Blindstrom J_s steht auf J_w senkrecht. Der Blindstrom J_s hinkt dem Wirkstrom um 90^0 nach. Die Wirkleistung ist

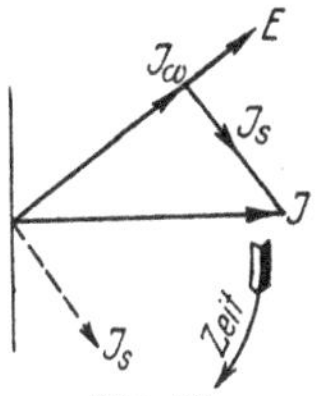

Fig. 69.

$$N_w = E \cdot J_w.$$

Der Querschnitt der Leitung richtet sich aber nicht nach J_w, sondern nach J. Daraus ersieht man, daß der Leistungsfaktor $\cos \varphi$ die Herstellungskosten der Leitung wie auch des ganzen Kraftwerkes stark beeinflußt. — Solange der Konsument nach der Zählerangabe nur die Wirkleistung zu zahlen hat, wird er kein Interesse daran haben, sich Motoren mit geringer oder gar keiner Blindleistung anzuschaffen. Die Blindleistung hat dann eben das Kraftwerk zu erzeugen.

Der Blindstrom, der zur Wirkleistung nichts beiträgt, ruft aber in der Leitung ebenso Stromwärmeverluste hervor, wie der Wirkstrom. $\cos \varphi$ vermehrt daher auch die Betriebskosten (den Kohlenbedarf z. B.) des Kraftwerkes. Die gesamten Stromwärmeverluste in der Leitung

$$N_v = R\,J_w^2 + R\,J_s^2 \text{ Watt}$$

$$N_v = R\,(J_w^2 + J_s^2) = R\,J^2.$$

Da das Verhältnis

$$\frac{N_s}{N_w} = \frac{J_s^2}{J_w^2} = \operatorname{tg}^2 \varphi,$$

so wird bei einem Leistungsfaktor $\cos \varphi = 0,7$ $\operatorname{tg}^2 \varphi$ ungefähr Eins. — Es sind also die Leitungsverluste durch den Blindwiderstand ebenso groß wie im Wirkwiderstand. Der Blindwiderstand erzeugt dazu noch einen erheblichen Spannungsabfall in der Leitung, wie aus Fig. 70 zu ersehen ist.

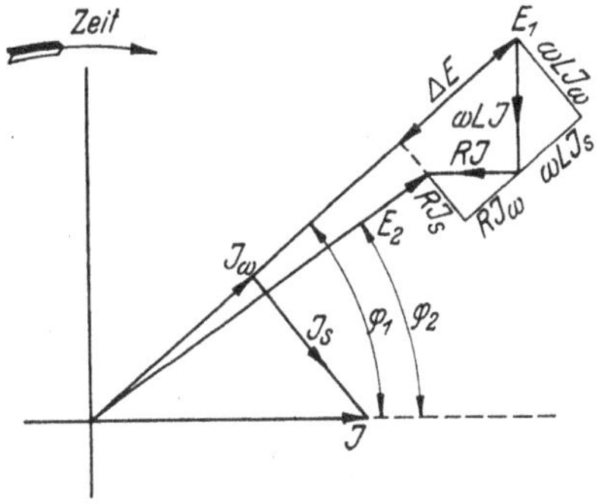

Fig. 70.

E_1 ist die der Leitung aufgedrückte Spannung, J der Strom in der Leitung. Da der Einfluß der Selbstinduktion der Leitung und deren Kapazität gering ist, werden E_1 und die Spannung am Ende der Leitung E_2 fast in gleicher Phase sein. Der gesamte Spannungsabfall

$$\Delta E = R\,J_w + \omega\,L\,J_s.$$

Man ersieht, daß der Anteil $\omega\,L\,J_s$ meist größer ist, als der unvermeidliche Teil $R \cdot J_w$.

V. Kapitel.

Erzeugung des Dreiphasenstromes. Die Stern- und die Dreieckschaltung. Die Leistung des Dreiphasenstromes. Bestimmung der Leistung bei ungleicher Belastung. Die Schaltungen zur Leistungsmessung. — Anwendung der topographischen Methode zur Bestimmung der Leistung und des Spannungsabfalles. Querschnittsberechnung einer Dreiphasenleitung.

Bringen wir auf dem Ständer der Wechselstrommaschine (siehe Fig. 9) statt einer Spule drei Spulen, deren Anfänge um 120⁰ verschoben sind, so haben wir die Einphasenmaschine verdreifacht. Die Ma, schine wird sechs Klemmen besitzen. Je zwei Klemmen gehören zu einer Phase (Fig. 71). Sind die Spulen untereinander gleich, so werden Form, Höchstwert und Frequenz dieselben sein. Der einzige Unterschied wird darin bestehen, daß in Phase 2 der Höchstwert später eintreten wird, und zwar um so viel später, als das Polrad braucht, 120⁰ zurückzulegen. Dieselbe Phasenverschiebung wird die EMK der dritten Phase gegen die zweite Phase besitzen. Jede der Phasen kann nun für sich blastet werden. Die drei Stromkreise sind voneinander vollkommene unabhängig. Den Verlauf der drei EMK zeigt Fig. 72.

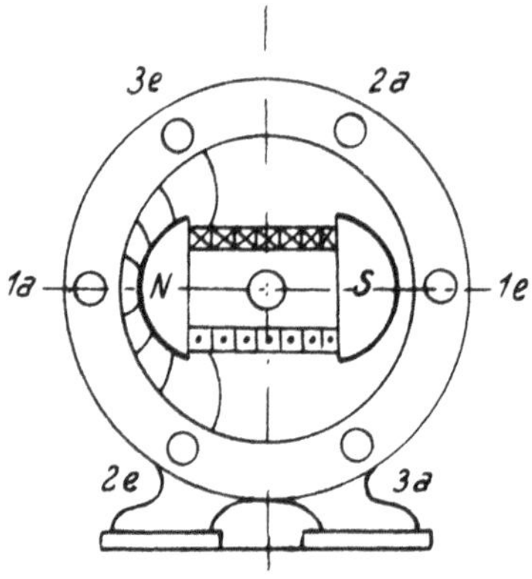

Fig. 71.

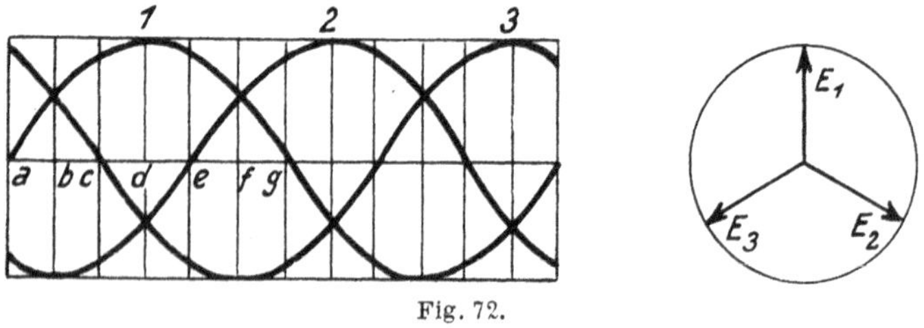

Fig. 72.

Man kann die drei Phasen voneinander abhängig machen:

a) Wir schließen die drei Anfänge oder die drei Enden untereinander kurz. Der Kurzschlußpunkt hat die Spannung Null. Betrachten wir z. B. den Augenblick, der durch den Buchstaben *d* in Fig. 72 versinnbildlicht ist. Die erste Phase hat zu dieser Zeit den Höchstwert, die zweite und dritte Phase den negativen Halbwert. Addiert man die Spannungen, so ist deren Summe Null. Noch besser erkennt man dies, wenn man die Vektoren nach Fig. 72 addiert, wie dies in Fig. 73 geschehen ist. Der Kräftezug *a b c a* ist geschlossen, die Summe der elektromotorischen Kräfte daher Null. — Diese Schaltung pflegt man als Sternschaltung zu bezeichnen.

Es handelt sich jetzt darum, die Spannungen zwischen den drei übriggebliebenen Klemmen zu bestimmen. Diese Spannungen werden die Potentialdifferenzen der Potentiale dieser drei Klemmen sein.

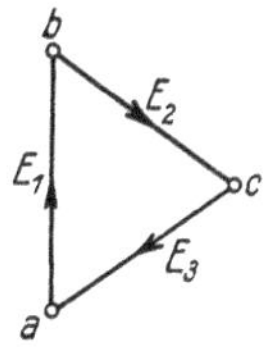

Fig. 73.

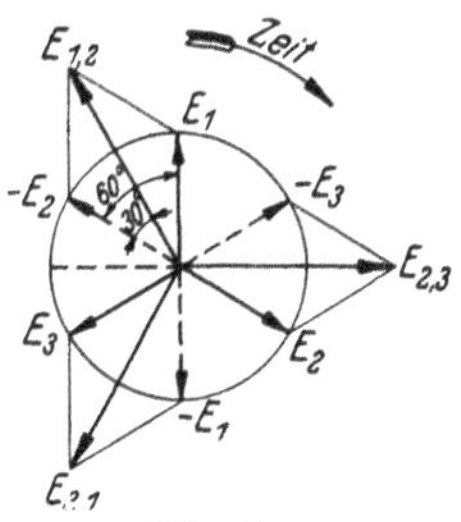

Fig. 74.

In Fig. 74 stellen E_1, E_2 und E_3 die Potentiale dieser drei Klemmen vor. Ein solches Potential ist nichts anderes, als die Spannung einer Klemme gegen den Nullpunkt, also die Spannung einer Phase selbst. Diese Phasenspannung ist die EMK, die in einer Wicklung erzeugt wurde, also jene Spannung, die wir im unverketteten Zustande an den zwei Klemmen einer Phase gemessen haben. Daher sind die sog. verketteten Spannungen:

$$E_{12} = E_1 - E_2$$
$$E_{23} = E_2 - E_3$$
$$E_{31} = E_3 - E_1.$$

Wenn man diese Subtraktionen in Fig. 68 geometrisch durchführt, so erkennen wir, daß sie erstens größer sind als die Phasenspannungen, und daß sie untereinander wieder einen Phasenunterschied von 120° aufweisen. Aus einem stumpfwinkeligen Dreieck läßt sich z. B. die Spannung E_{12} berechnen:

$$E_{12}^2 = E_2^2 + E_1^2 + 2 \cdot E_1 \cdot E_2 \cdot \cos 60^0, \text{ da } \cos 60^0 = 0{,}5,$$
$$E_{12}^2 = E_2^2 + E_1^2 + E_1 \cdot E_2.$$

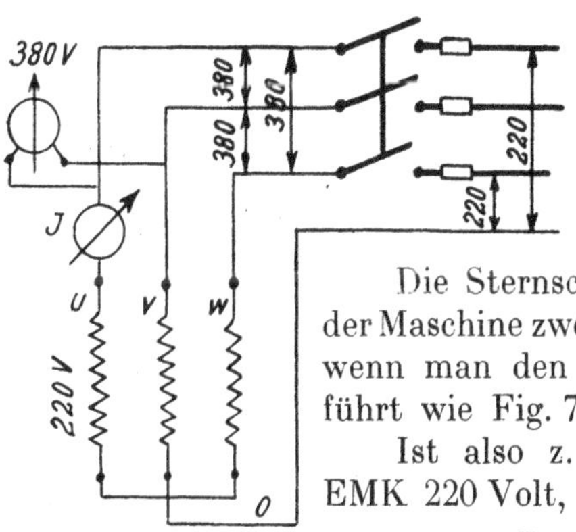

Fig. 75.

Da ferner die Phasenspannungen untereinander gleich E sind, wird

$$E_{12}^2 = 3\,E^2$$

und

$$E_{12} = E\sqrt{3}.$$

Die Sternschaltung hat den Vorteil, daß man der Maschine zweierlei Spannungen entnehmen kann, wenn man den Nulleiter zu einer vierten Klemme führt wie Fig. 75 zeigt.

Ist also z. B. die in einer Wicklung erzeugte EMK 220 Volt, so ist die verkettete Spannung

$$E_{12} = 220 \cdot \sqrt{3} = 380 \text{ Volt}.$$

Die niedere Spannung wird für die Beleuchtung, die höhere Spannung zum Speisen der Motoren verwendet, wie in Fig. 76 angedeutet ist.

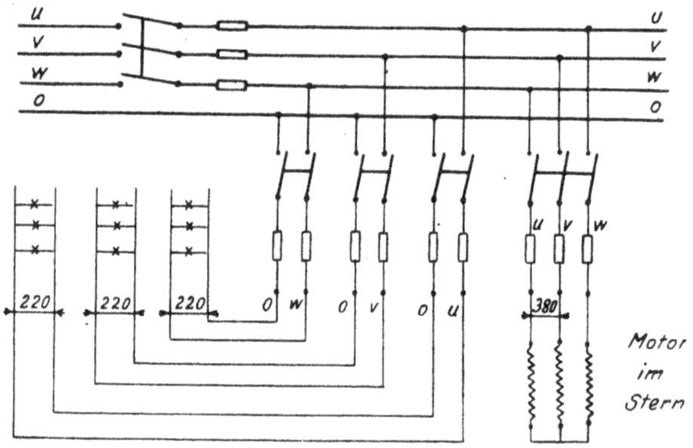

Fig. 76.

Die in einer Phase erzeugte effektive EMK läßt sich wie folgt berechnen:

In irgendeinem Augenblicke ist die in einem Drahte einer Spulenseite geweckte EMK

$$e = l \cdot \mathfrak{B} \cdot v \cdot 10^{-8} \text{ Volt.}$$

l ist die induzierte Länge eines Drahtes in cm, $\mathfrak{B}$ die augenblickliche Induktion, v die Geschwindigkeit des Polrades in cm. Es ist die augenblickliche Induktion

$$\mathfrak{B} = \overline{\mathfrak{B}} \cdot \sin \omega t$$

und

$$v = \frac{D \pi n}{60}.$$

Daher

$$e = l \cdot \frac{D \pi n}{60} \overline{\mathfrak{B}} \cdot \sin \omega t \, 10^{-8} \text{ Volt.}$$

Wenn wir noch die Frequenz einführen wollen, so ist bei einem zweipoligen Polrad

$$f = \frac{n}{60}$$

oder

$$n = 60 \cdot f.$$

Es wird daher

$$e = l \cdot D \pi f \cdot \overline{\mathfrak{B}} \cdot 10^{-8} \cdot \sin \omega t.$$

In einer Windung wird die EMK doppelt so groß, und in w Windungen wird

$$e = 2 \, l \, D \pi f \, \overline{\mathfrak{B}} \, w \cdot 10^{-8} \cdot \sin \omega t.$$

Der Höchstwert wird dann erreicht, wenn

$$\sin \omega t = 1$$

wird

$$E = 2\, l\, D\, \pi\, f\, \overline{\mathfrak{B}} \cdot w \cdot 10^{-8}\ \text{Volt}.$$

Der Effektivwert wird erhalten, wenn man beiderseits durch $\sqrt{2}$ dividiert:

$$E = \sqrt{2} \cdot l \cdot D\, \pi\, f \cdot \overline{\mathfrak{B}}\, w \cdot 10^{-8}\ \text{Volt}.$$

Nun ist der Mittelwert der Induktion

$$\mathfrak{B}_m = \frac{2\, \overline{\mathfrak{B}}}{\pi};$$

daraus

$$\overline{\mathfrak{B}} = \frac{\mathfrak{B}_m \cdot \pi}{2},$$

so daß

$$E = \sqrt{2} \cdot l \cdot D\, \pi\, f\, \frac{\mathfrak{B}_m\, \pi}{2}\, w \cdot 10^{-8}\ \text{Volt}.$$

Nun ist $\frac{\mathfrak{B}_m\, D\, \pi\, l}{2}$ der gesamte, aus einem Pol austretende Fluß, den wir mit Φ bezeichnen wollen. Es ist daher

$$E = \sqrt{2}\, \pi \cdot \Phi \cdot f \cdot w \cdot 10^{-8}\ \text{Volt}$$

$$\underline{\underline{E = 4{,}44\, \Phi \cdot f \cdot w \cdot 10^{-8}\ \text{Volt}.}}$$

b) Man kann aber auch im Generator (Fig. 71) das Ende der ersten Phase mit dem Anfange der zweiten, das Ende der zweiten mit dem Anfange der dritten und das Ende der dritten mit dem Anfange der ersten Phase zu einem Ring zusammenschließen. Nun sollte man glauben, daß das einen Kurzschluß ergeben müßte. Das ist aber nicht so. In jedem Augenblick haben die EMK der drei Phasen eine solche Größe und Richtung, daß die im Ringe wirkende resultierende EMK Null, daher auch der Strom im Ring Null ist. Dort, wo zwei Phasen zusammentreffen, führt man eine Ableitung zur Klemme. Der Generator hat wieder drei Klemmen. Das an zwei Klemmen gelegte Voltmeter zeigt die Phasenspannung an, die oben berechnet wurde.

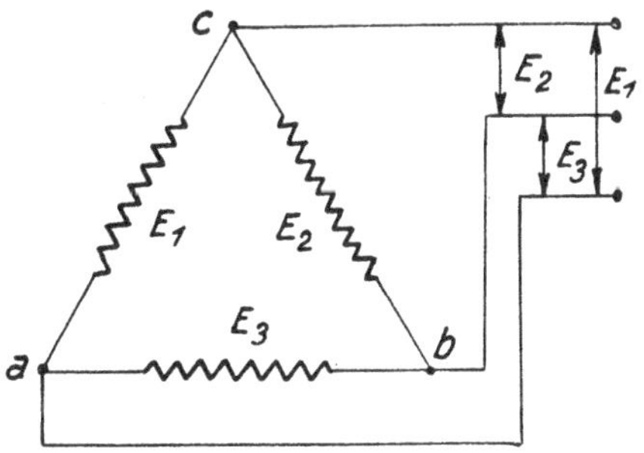

Fig. 77.

Diese Schaltung nennen wir die Dreieckschaltung, wie sie in Fig. 77 angedeutet ist.

Ebenso, wie wir bei der Sternschaltung bewiesen haben, daß die Klemmenspannung gleich der $\sqrt{3}$ fachen Phasenspannung ist, können wir auf dieselbe Art für die Dreieckschaltung zeigen, daß bei gleicher Belastung aller drei Stromkreise (s. Fig. 78) die Stromstärke in einem äußeren Leiter $\sqrt{3}$ mal so groß ist als die Stromstärke in einer Phase, also z. B. als die Stromstärke zwischen a und c.

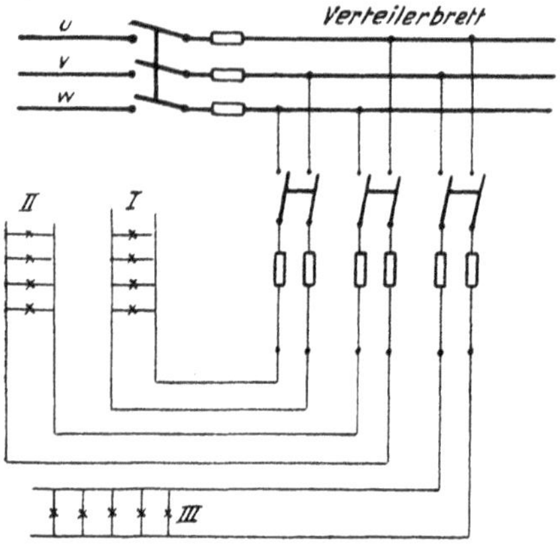

Fig. 78.

Nimmt man an, daß die drei Phasen nach Fig. 78 gleich stark und gleichartig belastet sind, so kann man die Gesamtleistung leicht berechnen:

Es ist dann gleichgültig, ob die Zuleitungen u, v, w von einem Generator in Stern- oder Dreieckschaltung kommen. Von den Verlusten abgesehen, wird jede Phase des Generators die Leistung

$$N = E\,J \cdot \cos\varphi$$

erzeugen müssen. E bedeutet die Phasenspannung, J den Strom in dieser Phase.

Bei Sternschaltung ist nun $E_K = E\sqrt{3}$, während die Stromstärken in der Maschinenphase und in der äußeren Leitung gleich sind. φ ist der Winkel, den die Phasenspannung mit dem Strome einer Phase einschließt (s. Fig. 74).

Bei Dreieckschaltung des Generators ist

$$E = E_K,$$

aber die Stromstärke in einer äußeren Leitung ist $\sqrt{3}$ mal größer als die Stromstärke in einer Maschinenphase. Führen wir nun bei der Sternschaltung die Klemmenspannung $E_K = E\sqrt{3}$, bei der Dreieckschaltung den äußeren Strom $J\sqrt{3}$ ein, so erhält man beide Male

$$N = E_K \cdot J\sqrt{3}\,\cos\varphi.$$

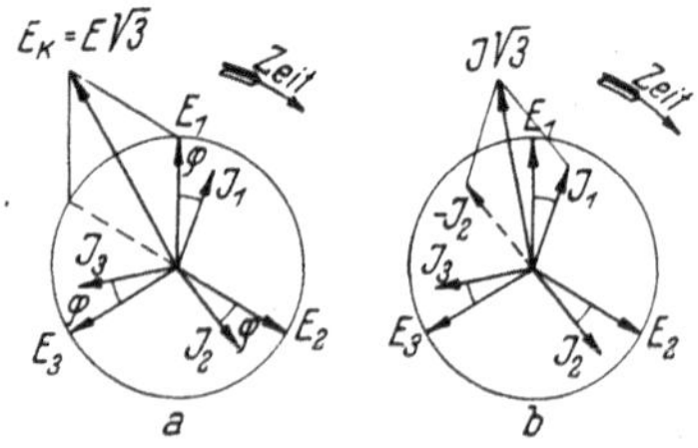

Fig. 79.

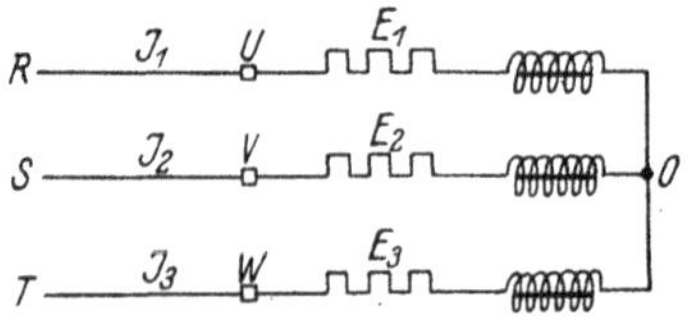

Fig. 80.

E_K ist also nochmals gesagt die Spannung zwischen den Leitern $u\,v$, $v\,w$ oder $w\,u$ und J die Stromstärke in einem dieser Leiter. Fig. 79 a und b geben die Diagramme hiezu.

Ist die Belastung der Maschine ungleichmäßig und ungleichartig, so kann man die Leistung mittels zweier Wattmeterablesungen bestimmen. Fig. 80 zeigt eine im Stern geschaltete induktive Belastung. In irgendeinem Augenblick sind die Phasenspannungen

$$e_1 - e_2 = e_{RS} \qquad e_2 - e_3 = e_{ST} \qquad e_3 - e_1 = e_{TR}.$$

Ebenso sind die augenblicklichen Leistungen

$$\nu = i_1 \cdot e_1 + i_2 \cdot e_2 + i_3 \cdot e_3.$$

Es ist auch

$$O = i_1 + i_2 + i_3.$$

Wir multiplizieren die letzte Gleichung mit e_1:

$$O = i_1 e_1 + i_2 e_1 + i_3 e_1.$$

Subtrahiert man nun die letzte von der ersten Gleichung, so erhält man für die augenblickliche Gesamtleistung

$$\nu = i_2 (e_2 - e_1) + i_3 (e_3 - e_1)$$

oder

$$\nu = i_2 e_{RS} + i_3 e_{TR}.$$

Integrieren wir diese letzten Gleichungen über die Zeit einer Periode, so erhalten wir die während dieser Zeit ver-

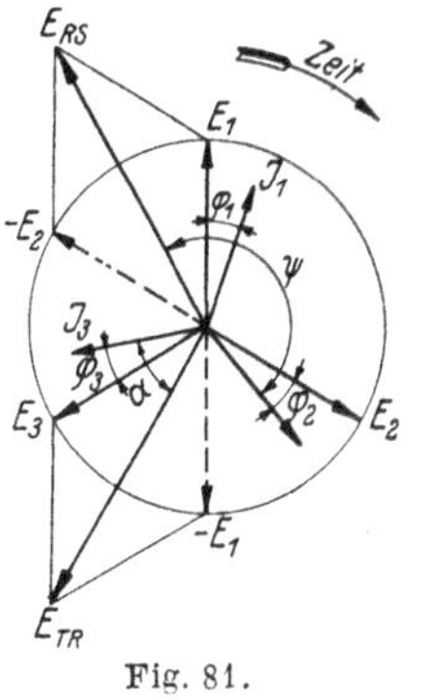

Fig. 81.

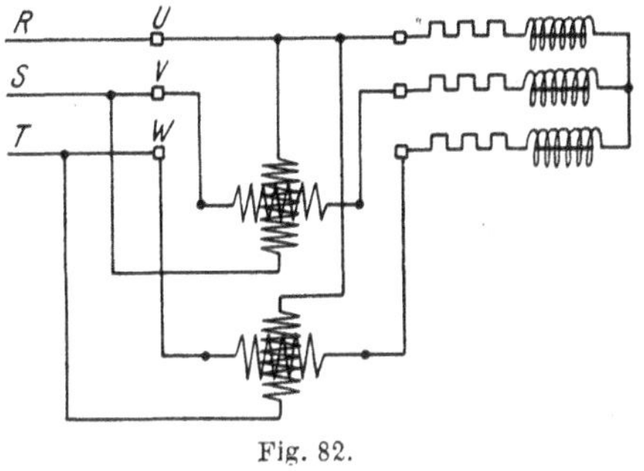

Fig. 82.

brauchte Arbeit. Dividieren wir diese Arbeit durch die Zeit T, so ist die mittlere Leistung bestimmt

$$N = \frac{-1}{T} \int_0^T i_2 \cdot e_{RS} \cdot dt + \frac{1}{T} \int_0^T i_3 e_{TR} \cdot dt.$$

Der Wert des ersten Integrals wird durch ein Wattmeter angezeigt, dessen Stromspule vom Strom J_2 und dessen Spannungsspule von einem Strome durchflossen wird, der von Klemme v abgezweigt und zur Klemme u geführt wird. Ebenso zeigt das zweite Integral eine Leistung an. Das zu dieser Leistungsmessung verwandte Wattmeter ist so geschaltet, daß die Stromspule von J_3 durchflossen wird. Die Spannungsspule des Wattmeters liegt an den Klemmen w und u. Fig. 81 zeigt das Diagramm, Fig. 82 die Schaltung.

Aus dem Diagramm ersieht man, daß der Strom J_2 und die Spannung E_{RS} eine Phasenverschiebung von ψ haben. Da ψ größer ist als 180^0, wird in unserem Falle $\cos \psi$ ein negativer Wert, so daß das Vorzeichen des ersten Gliedes des oben angeschriebenen Integrals in Plus geändert werden muß. Der Strom J_3 schließt mit der Spannung E_{TR} den $\sphericalangle\, \alpha$ ein, der kleiner als 90^0 ist. Daher bleibt das positive Vorzeichen des zweiten Integrals bestehen. Für gewöhnliche Belastungen müssen also die beiden Wattmeterablesungen addiert werden.

Besser und allgemein gebräuchlich ist es, nur ein Wattmeter zu verwenden, das einmal in die Leitung S, das andere Mal in die Leitung T geschaltet wird. Die Schalter sind die Wattmeterumschalter.

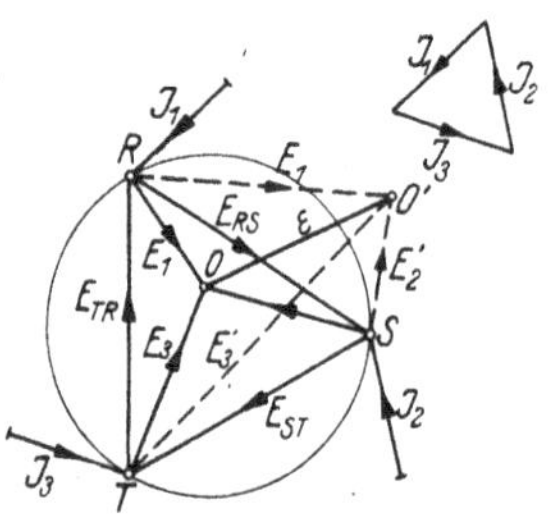

Fig. 83.

Obzwar die oben ausgeführten Betrachtungen für das Verständnis der Leistungsmessung hinreichend sind, erhält man doch einen tieferen Einblick durch die topographische Methode, die für ein beliebiges Mehrphasensystem gilt (s. S. 35).

In Fig. 83 seien R, S und T die Spuren der drei Leitungen, die so gewählt sind, daß die Spannungen E_{RS}, E_{ST} und E_{TR} der Phase und Richtung nach vollkommen bestimmt sind. Ebenso sind die Ströme J_1, J_2 und J_3 eingezeichnet worden. Es muß wieder die Summe

$$J_1 + J_2 + J_3 = 0$$

sein. Wir bestimmen nun die Potentiale der drei Leiter R, S, T gegen den Nulleiter (gegen Erde). Es ist nun der Punkt O so angenommen worden, daß die Strecken RO, SO und TO diese Potentiale der Größe und Richtung nach richtig angeben. Diese Potentiale sind für den Dreiphasenstrom die Phasenspannungen E_1, E_2 und E_3. — Die mittlere Leistung

$$N = \frac{1}{T}\int_0^T (i_1\, e_1 + i_2\, e_2 + i_3\, e_3)\, d\, t.$$

Ist der Nullpunkt nicht erreichbar, so genügt es, sich einem beliebigen Punkt O' zu denken, dessen Potential gegen O bekannt sein muß. Es sei nun der Punkt O' so gewählt worden, daß die Strecke $\overline{OO'}$ der Größe und Phase nach das Potential ε ergibt. Es ist dann

$$i_1 \cdot \varepsilon + i_2 \cdot \varepsilon + i_3 \cdot \varepsilon = 0.$$

Es war aber

$$i_1\, e_1 + i_2\, e_2 + i_3\, e_3 = \nu.$$

Ziehen wir die obere Gleichung von der unteren ab, so erhält man für die augenblickliche Leistung

$$\nu = i_1\,(e_1 - \varepsilon) + i_2\,(e_2 - \varepsilon) + i_3\,(e_3 - \varepsilon).$$

Nun ist nach der Figur

$$E_1 - \varepsilon = E_1'$$
$$E_2 - \varepsilon = E_2'$$
$$E_3 - \varepsilon = E_3'.$$

Daher ist die augenblickliche Leistung

$$\nu = i_1 e_1' + i_2 e_2' + i_3 e_3'$$

und die mittlere Leistung

$$N = \frac{1}{T}\int_0^T (i_1 e_1' + i_2 e_2' + i_3 e_3')\, d\,t.$$

Daher wird die gesamte verbrauchte Leistung durch drei Wattmeterablesungen gegeben sein. Die Stromspulen werden von den Strömen J_1, J_2 und J_3 durchflossen, die Spannungsspulen liegen einmal an den Punkten u, v, w (Fig. 82), das andere Mal an einem beliebigen Punkte irgendeiner Leitung. — Diese Gleichung gilt ganz allgemein für Gleich- und Wechselstrom für eine beliebige Anzahl von Phasen (Satz von Blondel). Bildet z. B. der Vektor J_2 mit der Spannung E_2' einen stumpfen Winkel, so ist diese Leistung negativ zu nehmen. Das Wattmeter wird in diesem Falle negativ ausschlagen, wenn es richtig geschaltet wurde. Man wird dann mittels eines Umschalters die Stromrichtung in der Spannungsspule des Wattmeters ändern und dann einen ablesbaren Zeigerausschlag erhalten. Diese so erhaltene Teilleistung ist dann eben als negative Größe zu setzen.

Aus dieser Drei-Wattmeter-Methode wird sofort die Zwei-Wattmeter-Methode, wenn man den ganz beliebigen Punkt O' nach einem Eckpunkte des Dreiecks, also nach R, S oder T verlegt.

Es fällt die Spannung E_1' heraus, sie wird Null. Es wird dann

$$N = \frac{1}{T}\int_0^T (i_2 e_2' + i_3 \cdot e_3') \cdot d\,t.$$

Das ist dieselbe Formel, die wir durch die erste Betrachtung erhalten haben. — Die Teilleistungen können wir im Bilde der Fig. 84 als Dreiecke darstellen.

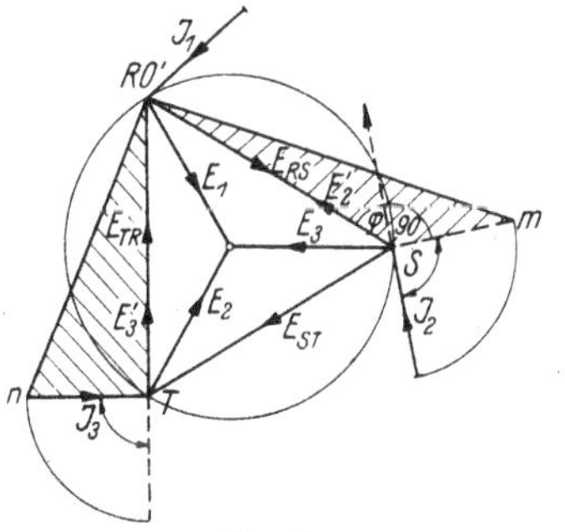

Fig. 84.

Es ist z. B. im Dreiecke RSm die Seite $RS = E_2' = -E_{RS}$, $Sm = J_2$ und φ die Phasenverschiebung zwischen E_2' und J_2. Die Teilleistung ist demnach:

$$N_2 = E_2 \cdot J_2 \cdot \cos\varphi$$
$$N_2 = E_2 \cdot J_2 \cdot \sin(90 + \varphi).$$

Daher ist N_2 der Fläche RSm proportional. — Aus der allgemeinen Gleichung kann man besondere Einzelfälle untersuchen.

Der einfachste Fall ist, daß die Belastung in allen drei Zweigen gleich und induktionsfrei ist. Dann müssen die Ströme J_1, J_2 und J_3 mit den Phasenspannungen E_1, E_2 und E_3 in Phase und untereinander gleich sein. Dann sind die in Fig. 85 schraffierten Dreiecke kongruent, d. h. die beiden Wattmeter werden gleiche Leistungen anzeigen.

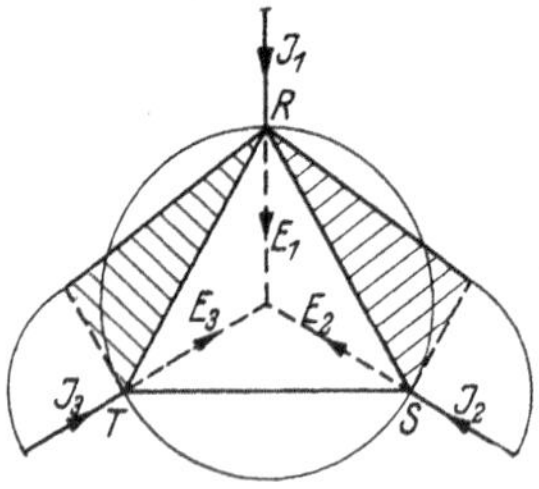

Fig. 85.

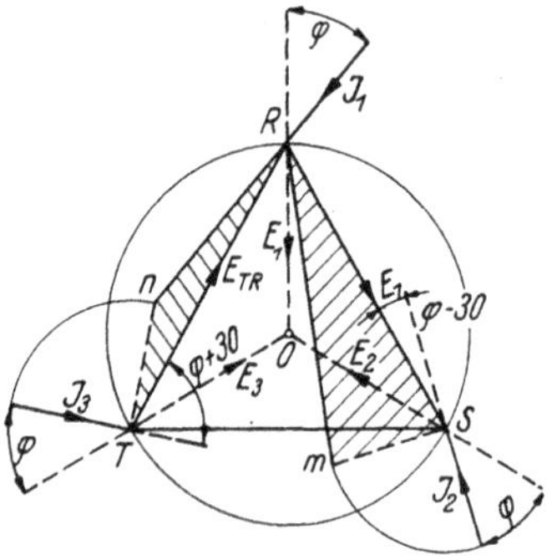

Fig. 86.

Die Teilbelastungen seien gleich, aber induktiv. Dann werden die Ströme J_1, J_2 und J_3 mit den Spannungen E_1, E_2 und E_3 die Winkel φ einschließen. Die beiden Wattmeterablesungen werden jetzt ungleich sein. Es sind nach Fig. 86 die Teilleistungen

$$N_2 = J_2 \cdot E_{RS} \cdot \cos(\varphi - 30)$$
$$N_3 = J_3 \cdot E_{TR} \cdot \cos(\varphi + 30).$$

Die Gesamtleistung

$$N_2 + N_3 = N = J E_K [\cos(\varphi - 30) + \cos(\varphi + 30)],$$

da $J = J_2 = J_3$ und $E_{RS} = E_{TR} = E_K$ ist;

$$\cos(\varphi - 30) = \cos\varphi \cdot \cos 30^0 + \sin\varphi \cdot \sin 30^0$$
$$\cos(\varphi + 30) = \cos\varphi \cdot \cos 30^0 - \sin\varphi \cdot \sin 30^0$$
$$\cos(\varphi - 30^0) + \cos(\varphi + 30^0) = 2\cos\varphi \frac{1}{2}\sqrt{3}$$
$$N = J \cdot E_K \cos\varphi \sqrt{3}\,.$$

Subtrahiert man die Teilleistungen, so ist

$$N_2 - N_3 = J \cdot E_K \cdot 2\sin\varphi \cdot \sin 30^0$$

oder

$$N_2 - N_3 = J \cdot E_K \cdot \sin\varphi.$$

Es wird somit

$$\frac{N_2 - N_3}{N_2 + N_3} = \frac{J \cdot E_K \cdot \sin\varphi}{J \cdot E_K \cdot \cos\varphi\sqrt{3}} = \frac{\operatorname{tg}\varphi}{\sqrt{3}}\,.$$

Daraus kann man nun $\operatorname{tg}\varphi$ berechnen:

$$\operatorname{tg}\varphi = \frac{N_2 - N_3}{N_2 + N_3} \cdot \sqrt{3}.$$

Man kann also durch die beiden Leistungsmessungen die innere Phasenverschiebung eines Drehstrommotors bestimmen.

Aus Fig. 86 ist noch folgendes abzulesen: Bleibt die Spannung E_K und die Stromstärken J unveränderlich, so wird mit wachsender Induktivität der Winkel φ größer, daher $\cos(\varphi + 30)$ kleiner, ebenso $\cos(\varphi - 30)$. — Es wird also N_3 immer kleiner, das linke schraffierte Dreieck immer schmäler. Wird der $\sphericalangle\, \varphi = 30^0$, so ist $\cos(\varphi + 30) = 60^0 = \sin 30^0 = 0{,}5$ und $\cos(\varphi - 30)$ wird Eins. Es wird dann N_3 die Hälfte von N_2.

Steigt der Winkel φ auf 60^0, so wird $\cos(\varphi + 30) = 0$ und $\cos(60 - 30) = 0{,}5$. Das erste Wattmeter zeigt keinen Ausschlag. — Wird schließlich φ größer als 60^0, so wird $\cos(\varphi + 30)$ ein negativer Wert, das Wattmeter schlägt bei richtiger Schaltung umgekehrt aus, und man muß die Anschlüsse der Spannungsspule vertauschen, um am Wattmeter einen Ausschlag zu erhalten. Wie schon einmal erwähnt, muß dann diese Leistung von der anderen subtrahiert werden.

3. Schließlich kann die Belastung in allen drei Zweigen ungleich sein. Dann werden auch die Wattmeterablesungen stets ungleich sein.

Wenn die Belastung in allen drei Zweigen gleich und gleichartig ist, kann man die Leistung auch mit einer Wattmeterablesung bestimmen, wenn der Nullpunkt irgendwie erreichbar ist oder sich künstlich herstellen läßt.

Man verlegt hiezu den Punkt O' (s. Fig. 83) nach 0. Es ist dann die Leistung $N = 3\, J\, E_1 \cos\varphi_1$, da die drei schraffierten Dreiecke

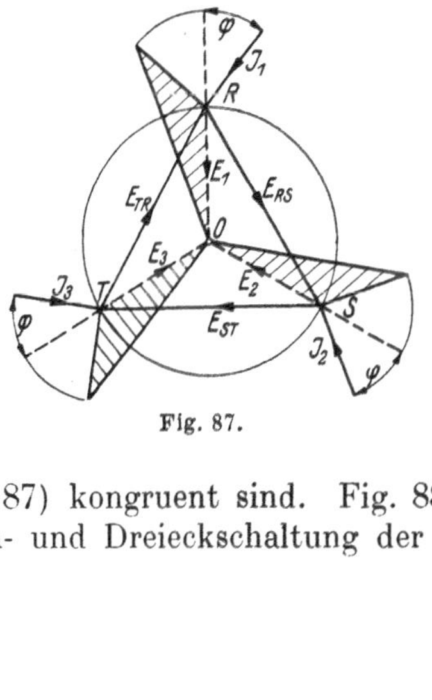

Fig. 87.

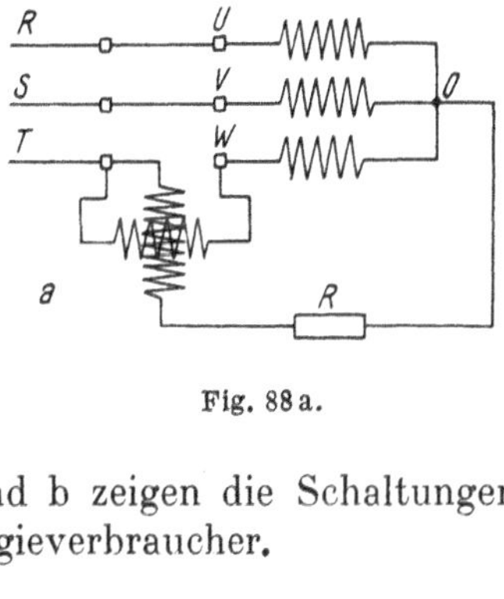

Fig. 88a.

(Fig. 87) kongruent sind. Fig. 88a und b zeigen die Schaltungen bei Stern- und Dreieckschaltung der Energieverbraucher.

In Fig. 88b ist ein künstlicher Nullpunkt O durch drei gleich große Drosselspulen geschaffen worden. Die dreifache Wattmeterablesung ergibt die aufgenommene Leistung.

Wenn eine Leistung auf eine bestimmte Entfernung mittels Dreiphasenleitung übertragen werden soll, werden die Spannungen am

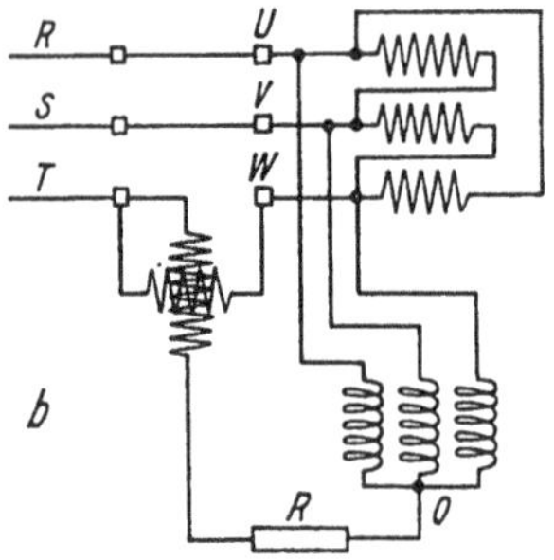

Fig. 88b.

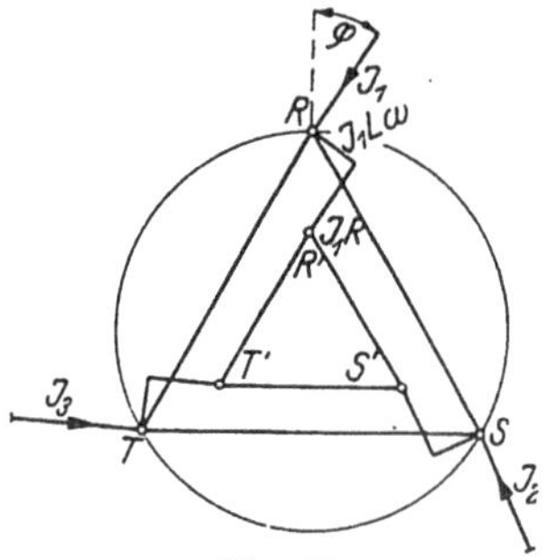

Fig. 89.

Ende geringer sein als am Anfang der Leitung. Diese Endspannungen lassen sich nach unserer Methode der Größe und Richtung nach bestimmen. Es seien die Anfangsspannungen durch das Dreieck RST (Fig. 89) gegeben. Die drei Phasen seien gleich und gleichartig belastet, $\cos\varphi$, der Widerstand eines Leitungszweiges, und dessen Selbstinduktion seien bekannt.

Der Spannungsabfall JR wird parallel zur Stromstärke J, der induktive Spannungsabfall senkrecht darauf aufgetragen. Die Endspannungen sind durch das Dreieck $R'S'T'$ der Größe und Phase nach bestimmt.

Für überschlägige Querschnittsberechnungen genügt es, wie bei Einphasenstrom von einem zulässigen Leistungsverlust auszugehen. — Ist N die Anzahl der zu übertragenden Kilowatt, L die Übertragungsentfernung in Kilometer, q der Querschnitt einer Leitung, $\varkappa$ die Leitfähigkeit des Leitungsmaterials und E die Spannung am Anfang, so ist

$$1000\,N = E \cdot J \cdot \cos\varphi \sqrt{3} \text{ Watt}$$

und der Verlust in allen drei Leitungen

$$N_v = 3\,J^2 \cdot R = \frac{1000 \cdot N \cdot p}{100};$$

da

$$R = \frac{1000\,L}{\varkappa q},$$

wird

$$3\,J^2 \frac{1000\,L}{\varkappa \cdot q} = \frac{1000\,N \cdot p}{100}$$

$$q = \frac{3 \cdot J^2 \cdot L \cdot 100}{N \cdot p \cdot \varkappa}.$$

Nun ist $J^2 = \frac{10^6 \cdot N^2}{E^2 \cos^2 \varphi \cdot 3}$.

Es wird also

$$q = \frac{3L \cdot 100}{N \cdot p \cdot \varkappa} \cdot \frac{10^6 \cdot N^2}{E^2 \cdot \cos^2 \varphi \cdot 3}$$

$$q = \frac{N \cdot L \cdot 10^8}{p \cdot \varkappa \cdot E^2 \cdot \cos^2 \varphi}.$$

VI. Kapitel.

Das vom Dreiphasenstrom erzeugte Drehfeld. Die mehrpoligen Drehfelder. Grundsätzliche Wirkungsweise des Drehstrommotors. Das Moment des Drehstrommotors. Der Zweiphasenstrom und seine Verkettungen. Das vom Zweiphasenstrom erzeugte Drehfeld.

Denken wir uns einen Ständer, mit drei im Stern geschalteten Phasen bewickelt. An die drei Klemmen schließen wir einen Dreiphasenstrom an. In der Bohrung des Ständers befindet sich aber kein Polrad wie in Fig. 9, sondern ein Läufer, der wie der Anker einer Gleichstrommaschine aus Blechen aufgebaut ist und Nuten besitzt.

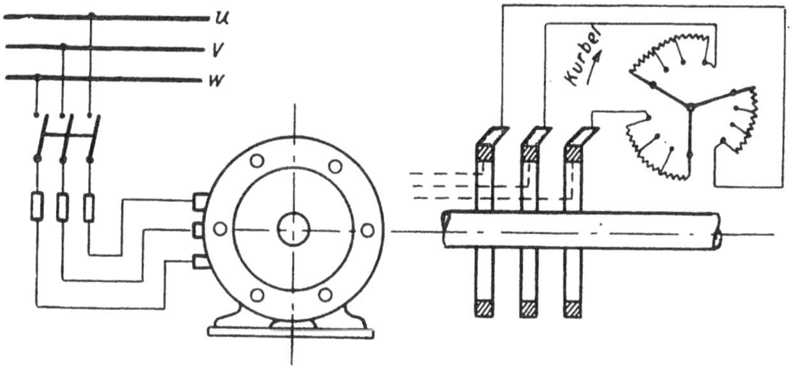

Fig. 90.

In den Nuten können nun Kupferstäbe eingelegt werden, die an ihren Stirnseiten je durch einen Kupferring kurzgeschlossen sind, oder die wie der Ständer eine Dreiphasenwicklung tragen, die im Stern oder im Dreieck geschaltet sein können. In diesem Fall werden Phasenenden zu drei Schleifringen geführt, auf denen Bürsten schleifen (Fig. 90).

Zwischen Läufer und Ständer bleibt ein kleiner Luftspalt frei, der nur Bruchteil eines Millimeters beträgt.

Nun wollen wir nachsehen, was sich begibt, wenn wir den Dreiphasenstrom in den Ständer leiten. Die Wicklung des Läufers hat mit der Wicklung des Ständers nichts zu tun. Wir betrachten die einzelnen Phasenströme in den Augenblicken, die durch die Buchstaben *a*, *b*, *c* und *d* in der Fig. 72 gekennzeichnet sind.

Im Augenblicke *a* ist die Stromstärke der ersten Phase Null, der zweiten Phase negativ und in der dritten Phase positiv. Wir vereinbaren nun, daß ein positiver Strom in der Anfangsseite *1a*, *2a*, *3a* der Spule von uns wegfließt, daher in der anderen Spulenseite auf uns zukommt. Tragen wir nun die Stromrichtungen in Fig. 91a ein, so erhalten wir

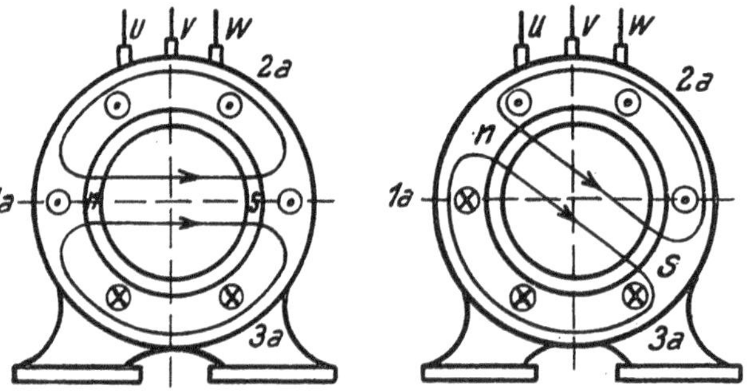

Fig. 91 a u. b.

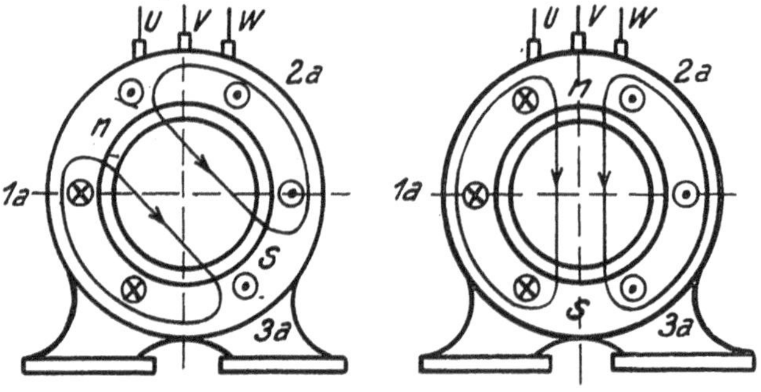

Fig. 91 c u. d.

das gezeichnete Bild. Die stromdurchflossenen Drähte erzeugen das Feld. Die beiden oberen Drähte führen Ströme, die auf uns zukommen. Der von ihnen erzeugte Fluß umläuft die Drähte in umgekehrter Uhrzeigerdrehung. Die beiden unteren Drähte führen Ströme, die von uns wegfließen. Der Fluß verläuft im Sinne der Uhrzeigerbewegung. Es entsteht daher ein Gesamtfluß, der bei *n* aus dem Gestell austretend den Luftspalt durchdringt, durch das Läufereisen nochmals den Luftspalt passiert, um bei *s* in das Ständereisen einzutreten und sich durch dasselbe zu schließen. Bei *n* entsteht der Nordpol, bei *s* der Südpol des Ständereisens.

Fig. 91b zeigt den Zustand um 30 Zeitgrade später. Die Phasenströme *1* und *3* sind positiv, der Phasenstrom *2* negativ. Der Nordpol hat sich um 30° im Sinne der Uhrzeigerbewegung verschoben usf. — Nach der Zeit einer Periode hat sich das Feld einmal herumgedreht. In diesem Sinne sprechen wir von einem Drehfeld. Für den Dreiphasenstrom hat sich daher die kürzere Bezeichnung Drehstrom eingebürgert. — Ist z. B. die Frequenz 50, so ist die sekundliche Umlaufzahl ebenfalls 50 und die Drehzahl $n = 50 \times 60 = 3000$.

Man kann die Ständerwicklung auch so ausführen, daß das Drehfeld vier-, sechs- oder $2p$-polig wird. Bei einem sechspoligen Felde z. B. wiederholt sich die Reihenfolge der Spulenseiten *1a, 3e, 2a, 1e, 3a, 2e* (siehe Fig. 91 a) dreimal. Es gehören nun zu einer Phase drei hintereinandergeschaltete Spulen. Eine Gruppe *1a* bis *2e* nimmt dann statt 360 Bogengraden nur $\frac{360}{3} = 120°$ ein. — Nach der Zeit einer Periode ist ein Nordpol an die Stelle des benachbarten Nordpoles getreten. Da der Abstand zweier Nordpole 120 Bogengrade beträgt, wird der gedachte Nordpol erst nach der Zeit von drei Perioden eine volle Umdrehung gemacht haben. Ist die Frequenz f, die Anzahl der Pole $2p$, so ist die Drehzahl des Feldes allgemein

$$n = \frac{f \cdot 60}{p}.$$

Fig. 92 zeigt ein sechspoliges Drehfeld. Die Drehfelder sind so eingezeichnet, wie sie dem Augenblick *b* in 91b entsprechen: Die

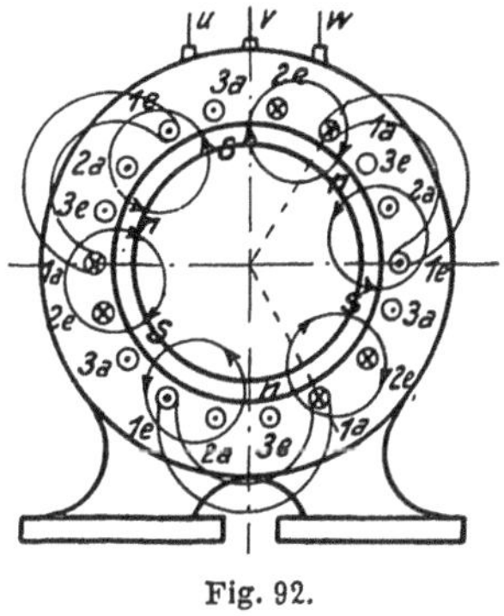

Fig. 92.

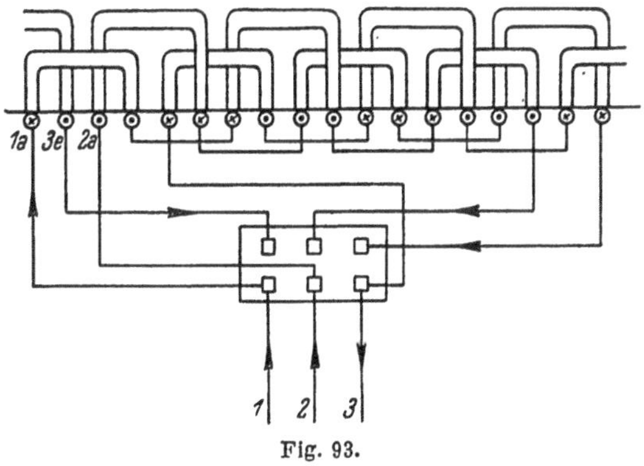

Fig. 93.

erste und dritte Phase führen positiven, die zweite Phase negativen Strom.

In Fig. 93 ist die Ständerwicklung aufgeschnitten und in die Ebene gelegt worden. Man ersieht daraus die einzelnen Stromkreise und das Klemmbrett. Die Anschlußklemmen sind am Klemmbrett so angeordnet worden, daß bei Kurzschluß von *3e*, *1e* und *2e* die Phasen in Stern, bei Verbindung der Klemmen *1a* mit *3e*, *2a* mit *1e* und *3a* mit *2e* die Phasen im Dreieck geschaltet sind.

Wir haben noch nichts über die Form des Drehfeldes gesprochen. Bei der besprochenen Anordnung hat das Feld keineswegs eine sinoidale Form, sondern eine rechteckige, treppenförmige Form. Die Geschwindigkeit des Drehfeldes ist in diesem Falle keine unveränderliche, auch die Höchstinduktion schwankt zwischen zwei Grenzwerten hin und her. Wenn man aber eine Spulenseite nicht in einer Nute, sondern in mehreren Nuten unterbringt, so nähert sich das Drehfeld stark der sinoidalen Form, die Geschwindigkeit des Drehfeldes wird unveränderlich und die Höchstwerte der Induktion schwanken um etwa 4 vH um einen Mittelwert.

Nehmen wir an, daß der Läufer eine Käfigwicklung besitze. Wir schließen den dreipoligen Schalter in Fig. 90. Im Augenblick schneidet

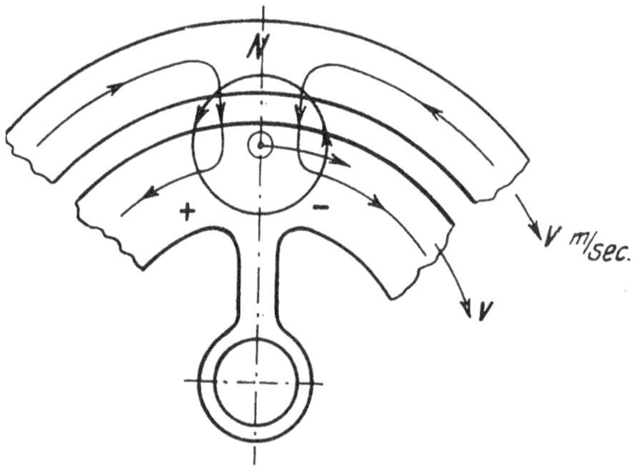

Fig. 94.

das entstandene Drehfeld die Drähte des Kurzschlußläufers. In den Drähten wird eine EMK geweckt, die nach Fig. 94 auf uns zu wirkt. Weil durch die Stirnringe ein geschlossener Stromweg vorhanden ist, fließt in dem gezeichneten Leiter ein starker Strom. Dieser Strom mit seinen Nachbarströmen erzeugt ein Läuferfeld, das im Bilde kreisförmig um den Leiter angedeutet ist. Das Läuferfeld verstärkt das Drehfeld auf der linken und schwächt es auf der rechten Seite, so daß ein Moment entsteht, das den Läufer in der Bewegungsrichtung des Drehfeldes antreibt. Der Läufer sucht nun die Geschwindigkeit des Drehfeldes zu erreichen, die er aber niemals erreichen kann. Und zwar aus folgendem Grunde: Lief er mit dem Drehfelde gleich (= synchron), so gäbe es keine Kraftlinienschnitte, also keine in den Läuferdrähten geweckte EMK, keinen Läuferstrom, daher kein Drehmoment, das bekanntermaßen dem Felde Φ (das aus dem Ständer austritt) und dem Läuferstrome J proportional ist. — Daher muß der Läufer grundsätzlich hinter dem Drehfelde zurückbleiben, er läuft eben mit dem Felde nicht synchron, sondern asynchron, er schlüpft. Daher bezeichnet man diesen Motor als asynchronen Dreiphasenmotor oder kurzweg als Drehstrommotor.

Der Stromstoß beim Anfahren ist ganz bedeutend. Um ihn zu verhindern, baut man, wie schon bemerkt, Phasenanker und fährt mit einem Anlasser an, der in die Phasen des Läufers eingeschaltet wird, wie Fig. 90 zeigt.

Der Zweiphasenstrom hat in der Starkstromtechnik keine Bedeutung erlangt, obzwar er sich für die Licht- und Kraftverteilung ebensogut eignet als der Dreiphasenstrom. Auch er erzeugt ein Drehfeld. Um ihn zu erzeugen, denke man sich auf den Ständer Fig. 9 zwei aufeinander senkrecht stehende Spulen gewickelt. Die in den Spulen geweckten EMK haben einen Phasenunterschied von 90 Graden, wie Fig. 95 zeigt.

Schließt man die beiden Anfänge oder die beiden Enden der Phasen kurz, so bleiben nur zwei Klemmen übrig, zwischen denen die Spannung $E \cdot \sqrt{2}$ herrschen wird. Diese Spannung ist die Hypotenuse eines rechtwinkeligen Dreiecks, dessen Katheten die beiden gleichgroßen Phasenspannungen E sind.

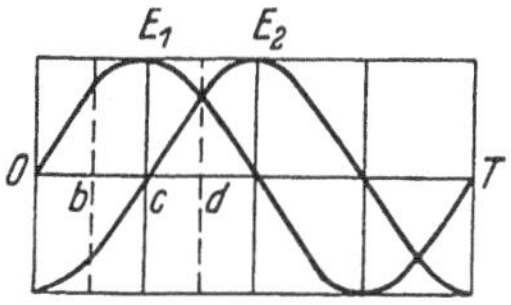

Fig. 95.

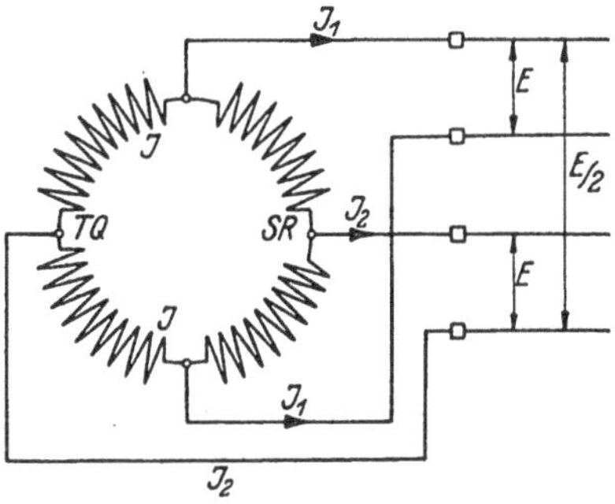

Fig. 96.

Gebräuchlicher ist die Schaltung, bei der die beiden Phasen zu einem Ring geschlossen werden. Man führt von den Enden und den Mitten der Phasen Abzweigungen zu den vier Klemmen der Maschine, wie Fig. 96 zeigt.

Es ist $J_1 = J_2 = J \cdot \sqrt{2}$, und die Leistung

$$N = 2\,E\,J \cos \varphi.$$

Leiten wir in einem zweiphasig gewickelten Ständer Zweiphasenstrom ein, so entsteht in denselben ein Drehfeld, wie die Fig. 97a, b, c, d zeigen.

Fig. 97a entspricht der Teil $T = 0$ der Fig. 95. In der ersten Phase fließt kein Strom, in der zweiten Phase hat der Strom seinen negativen Höchstwert erreicht. Daher fließt nach unserer Vereinbarung in der

Seite a_2 der Strom auf uns zu, in der Seite e_2 von uns weg. Die stromdurchflossene Spule erzeugt das gezeichnete Ständerfeld. Dieselben

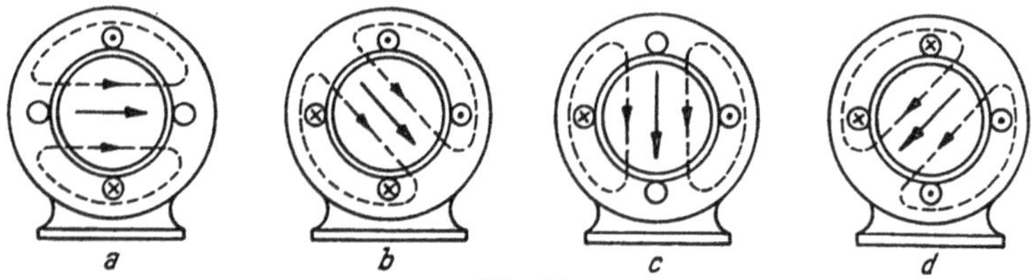

Fig. 97.

Überlegungen gelten für die in Fig. 95 angemerkten Zeiten *b*, *c* und *d*. Wenn in der Bohrung des Ständers ein Läufer sich befinden würde, so wirkte da ebenso ein Drehmoment, wie bei dem oben beschriebenen Drehstrommotor.

www.ingramcontent.com/pod-product-compliance
Lightning Source LLC
Chambersburg PA
CBHW081236190326
41458CB00016B/5800